线性代数练习册

（第二版）（A 册）

主　编　杨　威
副主编　陈建春　宫丰奎
　　　　吴晓鹏　田　阗

西安电子科技大学出版社

内 容 简 介

本书包括矩阵及应用、行列式与线性方程组、n 维向量与向量空间、相似矩阵与二次型及 MATLAB 解线性代数问题等五章，每一章都包括客观题和主观题，其中难点和重点练习题附有视频讲解，读者可通过手机扫描二维码学习相关知识.

本书分为 A、B 两册，A 册包含第一章、第三章和第五章，B 册包含第二章和第四章.

本书可作为高等院校非数学专业的本科学生学习“线性代数”课程的同步练习用书，也可作为需要学习线性代数的科技工作者、准备考研的非数学专业学生及其他读者的参考资料.

图书在版编目(CIP)数据

线性代数练习册 / 杨威主编. —2 版. —西安：西安电子科技大学出版社，2020.9(2023.7 重印)
ISBN 978-7-5606-5897-1

Ⅰ.①线…　Ⅱ.①杨…　Ⅲ.①线性代数—高等学校—习题集　Ⅳ.①O151.2-44

中国版本图书馆 CIP 数据核字(2020)第 174549 号

策　　划　戚文艳
责任编辑　戚文艳
出版发行　西安电子科技大学出版社(西安市太白南路 2 号)
电　　话　(029)88202421　88201467　　邮　　编　710071
网　　址　www.xduph.com　　电子邮箱　xdupfxb001@163.com
经　　销　新华书店
印刷单位　广东虎彩云印刷有限公司
版　　次　2020 年 9 月第 2 版　　2023 年 7 月第 5 次印刷
开　　本　787 毫米×1092 毫米　1/16　　印张　8.5
字　　数　188 千字
定　　价　22.00 元(含 A、B 册)
ISBN 978-7-5606-5897-1/O

XDUP　6199002-5

* * * * * **如有印装问题可调换** * * * * *

前　言

本书根据高等学校理工类、经管类非数学专业线性代数课程的教学要求，参照教育部最新颁布的研究生入学考试数学大纲编写而成．本书与高淑萍等编写的《线性代数及应用》(由西安电子科技大学出版社出版)教材配套使用．

为了方便同学们学习，本书分为A、B两册．A册包括第一章矩阵及应用、第三章n维向量与向量空间和第五章MATLAB解线性代数问题，B册包括第二章行列式与线性方程组和第四章相似矩阵与二次型．书中习题基本涵盖了线性代数中的所有知识点，内容编排由浅入深，每一章都包含了计算和证明题、填空题、选择题．

本书所有练习题均有参考答案或解题过程．为了使学生高效地掌握线性代数重点和难点，提高学生自主学习能力，本书针对每一章知识体系录制了图谱视频讲解，针对重点和难点题目(带★)录制了视频讲解，并配有二维码，读者可以通过手机扫描二维码学习相关知识．

本书为高等学校大学数字教学研究与发展中心2020教学改革项目(CMC20200210)的成果．

由于编者水平有限，书中难免存在不足之处，恳请读者提出宝贵意见，以便我们进一步完善．

编　者

2020年07月

目　录

第一章　矩阵及应用

一、计算和证明题

1. 设 $\boldsymbol{A}=\begin{bmatrix}1&1&1\\1&1&-1\\1&-1&1\end{bmatrix}$，$\boldsymbol{B}=\begin{bmatrix}1&2&3\\-1&-2&4\\0&5&1\end{bmatrix}$，求 $3\boldsymbol{AB}-2\boldsymbol{A}$ 及 $\boldsymbol{A}^{\mathrm{T}}\boldsymbol{B}$.

★ 2. 计算下列矩阵的乘积：

(1) $\begin{bmatrix}4&3&1\\1&-2&3\\5&7&0\end{bmatrix}\begin{bmatrix}7\\2\\1\end{bmatrix}$；

(2) $[1,2,3]\begin{bmatrix}3\\2\\1\end{bmatrix}$；

(3) $\begin{bmatrix}2\\1\\3\end{bmatrix}[-1, 2]$;

(4) $\begin{bmatrix}2 & 1 & 4 & 0\\1 & -1 & 3 & 4\end{bmatrix}\begin{bmatrix}1 & 3 & 1\\0 & -1 & 2\\1 & -3 & 1\\4 & 0 & -2\end{bmatrix}$;

(5) $[x_1, x_2, x_3]\begin{bmatrix}a_{11} & a_{12} & a_{13}\\a_{12} & a_{22} & a_{23}\\a_{13} & a_{23} & a_{33}\end{bmatrix}\begin{bmatrix}x_1\\x_2\\x_3\end{bmatrix}$;

(6) $\begin{bmatrix} 1 & 2 & 1 & 0 \\ 0 & 1 & 0 & 1 \\ 0 & 0 & 2 & 1 \\ 0 & 0 & 0 & 3 \end{bmatrix}\begin{bmatrix} 1 & 0 & 3 & 1 \\ 0 & 1 & 2 & -1 \\ 0 & 0 & -2 & 3 \\ 0 & 0 & 0 & -3 \end{bmatrix}$.

3. 设 $\boldsymbol{A} = \begin{bmatrix} 1 & 2 \\ 1 & 3 \end{bmatrix}$, $\boldsymbol{B} = \begin{bmatrix} 1 & 0 \\ 1 & 2 \end{bmatrix}$, 问：

(1) $\boldsymbol{AB} = \boldsymbol{BA}$ 成立吗？

(2) $(\boldsymbol{A} + \boldsymbol{B})^2 = \boldsymbol{A}^2 + 2\boldsymbol{AB} + \boldsymbol{B}^2$ 成立吗？

(3) $(\boldsymbol{A} + \boldsymbol{B})(\boldsymbol{A} - \boldsymbol{B}) = \boldsymbol{A}^2 - \boldsymbol{B}^2$ 成立吗？

4. 设 $\boldsymbol{A} = \begin{bmatrix} 1 & 0 \\ \lambda & 1 \end{bmatrix}$, 求 $\boldsymbol{A}^2$, $\boldsymbol{A}^3$, $\cdots$, $\boldsymbol{A}^k$.

5. ★（1）已知 $\boldsymbol{A}=\begin{bmatrix}1\\2\\3\end{bmatrix}\begin{bmatrix}3 & -2 & 1\end{bmatrix}$，求 $\boldsymbol{A}^n$；

（2）计算 $\begin{bmatrix}\lambda_1 & & & \\ & \lambda_2 & & \\ & & \ddots & \\ & & & \lambda_n\end{bmatrix}^n$.

★ 6. 求下列矩阵的逆矩阵：

(1) $\begin{bmatrix} a & b \\ c & d \end{bmatrix}$ $(ad-bc\neq 0)$；

(2) $\begin{bmatrix} 1 & 0 & 1 \\ 2 & 1 & 0 \\ -3 & -2 & -5 \end{bmatrix}$；

(3) $\begin{bmatrix} 1 & 2 & -3 \\ 0 & 1 & 2 \\ 0 & 0 & 1 \end{bmatrix}$；

(4) $\begin{bmatrix} \lambda_1 & & & \\ & \lambda_2 & & \\ & & \lambda_3 & \\ & & & \lambda_4 \end{bmatrix}$ $(\lambda_1\lambda_2\lambda_3\lambda_4 \neq 0)$；

(5) $\begin{bmatrix} 1 & 1 & 1 & 1 \\ 1 & 1 & -1 & -1 \\ 1 & -1 & 1 & -1 \\ 1 & -1 & -1 & 1 \end{bmatrix}$；

(6) $\begin{bmatrix} 1 & & & & \\ 1 & 1 & & & \\ 1 & 1 & 1 & & \\ & & \ddots & \ddots & \\ 1 & 1 & 1 & & 1 \end{bmatrix}$.

7. 用求逆矩阵的方法解线性方程组 $\begin{cases} x_1+2x_2+3x_3=1 \\ 2x_1+2x_2+5x_3=2. \\ 3x_1+5x_2+x_3=3 \end{cases}$

★ 8. 解下列矩阵方程：

(1) $\begin{bmatrix} 2 & 5 \\ 1 & 3 \end{bmatrix} \boldsymbol{X} = \begin{bmatrix} 4 & -6 \\ 2 & 1 \end{bmatrix}$；

(2) $\boldsymbol{X} \begin{bmatrix} 2 & 1 & -1 \\ 2 & 1 & 0 \\ 1 & -1 & 1 \end{bmatrix} = \begin{bmatrix} 1 & -1 & 3 \\ 4 & 3 & 2 \end{bmatrix}$；

(3) $\begin{bmatrix} 1 & 4 \\ -1 & 2 \end{bmatrix} \boldsymbol{X} \begin{bmatrix} 2 & 0 \\ -1 & 1 \end{bmatrix} = \begin{bmatrix} 3 & 1 \\ 0 & -1 \end{bmatrix}$;

(4) $\begin{bmatrix} 0 & 1 & 0 \\ 1 & 0 & 0 \\ 0 & 0 & 1 \end{bmatrix} \boldsymbol{X} \begin{bmatrix} 1 & 0 & 0 \\ 0 & 0 & 1 \\ 0 & 1 & 0 \end{bmatrix} = \begin{bmatrix} 1 & -4 & 3 \\ 2 & 0 & -1 \\ 1 & -2 & 0 \end{bmatrix}$.

9. 利用逆矩阵解下列线性方程组：

(1) $\begin{cases} x_1 + 2x_2 + 3x_3 = 1 \\ 2x_1 + 2x_2 + 5x_3 = 2 \\ 3x_1 + 5x_2 + x_3 = 3 \end{cases}$;

(2) $\begin{cases} x_1 - x_2 - x_3 = 2 \\ 2x_1 - x_2 - 3x_3 = 1 \\ 3x_1 + 2x_2 - 5x_3 = 0 \end{cases}$.

★ 10. (1) 设 $\boldsymbol{A}$, $\boldsymbol{B}$ 都可逆，求 $\begin{bmatrix} \boldsymbol{O} & \boldsymbol{A} \\ \boldsymbol{B} & \boldsymbol{O} \end{bmatrix}$ 的逆矩阵；

(2) 利用分块矩阵，求 $\boldsymbol{A} = \begin{bmatrix} 0 & a_1 & 0 & \cdots & 0 \\ 0 & 0 & a_2 & \cdots & 0 \\ \vdots & \vdots & \vdots & & \vdots \\ 0 & 0 & 0 & \cdots & a_{n-1} \\ a_n & 0 & 0 & \cdots & 0 \end{bmatrix}$ 的逆，其中 $a_i \neq 0(i = 1, 2, \cdots, n)$.

★ 11. 设 $\boldsymbol{P}^{-1}\boldsymbol{A}\boldsymbol{P}=\boldsymbol{\Lambda}$，其中 $\boldsymbol{P}=\begin{bmatrix}-1 & -4\\ 1 & 1\end{bmatrix}$，$\boldsymbol{\Lambda}=\begin{bmatrix}-1 & 0\\ 0 & 2\end{bmatrix}$，求 $\boldsymbol{A}^{11}$.

★ 12. 已知 $\boldsymbol{B}=\begin{bmatrix}1 & -3 & 0\\ 2 & 1 & 0\\ 0 & 0 & 2\end{bmatrix}$，且 $\boldsymbol{A}\boldsymbol{B}=\boldsymbol{A}+\boldsymbol{E}$，求 $\boldsymbol{A}$.

13. 设 $\boldsymbol{A}$，$\boldsymbol{B}$ 为 n 阶矩阵，且 $\boldsymbol{A}$ 为对称矩阵，证明 $\boldsymbol{B}^{\mathrm{T}}\boldsymbol{A}\boldsymbol{B}$ 也是对称矩阵.

14．设 $\boldsymbol{A}$，$\boldsymbol{B}$ 都是 n 阶对称矩阵，证明 $\boldsymbol{AB}$ 是对称矩阵的充分必要条件是 $\boldsymbol{AB}=\boldsymbol{BA}$.

★ 15．证明：(1) $\begin{bmatrix} \lambda & 1 & 0 \\ 0 & \lambda & 1 \\ 0 & 0 & \lambda \end{bmatrix}^n = \begin{bmatrix} \lambda^n & C_n^1\lambda^{n-1} & C_n^2\lambda^{n-2} \\ 0 & \lambda^n & C_n^1\lambda^{n-1} \\ 0 & 0 & \lambda^n \end{bmatrix}$；

(2) $\begin{bmatrix} 2 & 1 & 1 \\ 1 & 2 & 1 \\ 1 & 1 & 2 \end{bmatrix}^n = \boldsymbol{E} + \frac{1}{3}(4^n - 1)\begin{bmatrix} 1 & 1 & 1 \\ 1 & 1 & 1 \\ 1 & 1 & 1 \end{bmatrix}$.

★ 16. 设 $\boldsymbol{A}$ 为 n 阶对称矩阵，$\boldsymbol{B}$ 为 n 阶反对称矩阵，证明：

(1) $\boldsymbol{A}^2$，$\boldsymbol{B}^2$ 都是对称矩阵；

(2) $\boldsymbol{AB}-\boldsymbol{BA}$ 是对称矩阵，$\boldsymbol{AB}+\boldsymbol{BA}$ 是反对称矩阵.

17. 设 $\boldsymbol{A}$ 为 n 阶方阵，证明 $\boldsymbol{A}$ 可表示为一个对称矩阵与一个反对称矩阵之和.

★ 18. 设 $\boldsymbol{A}$、$\boldsymbol{B}$ 及 $\boldsymbol{A}+\boldsymbol{B}$ 都为 n 阶可逆矩阵，证明 $\boldsymbol{A}(\boldsymbol{A}+\boldsymbol{B})^{-1}\boldsymbol{B}=\boldsymbol{B}(\boldsymbol{A}+\boldsymbol{B})^{-1}\boldsymbol{A}$.

★ 19. (1) 若 $\boldsymbol{A}^3+2\boldsymbol{A}^2+\boldsymbol{A}-\boldsymbol{E}=\boldsymbol{O}$，证明 $\boldsymbol{A}$ 可逆，求 $\boldsymbol{A}^{-1}$；

(2) 若 $\boldsymbol{A}^2-\boldsymbol{A}-4\boldsymbol{E}=\boldsymbol{O}$，证明 $\boldsymbol{A}+\boldsymbol{E}$ 可逆，并求其逆.

★ 20. 设 $\boldsymbol{A}$ 是 n 阶方阵且 $\boldsymbol{A}^m=\boldsymbol{O}$（$m$ 为正整数）. 证明：$(\boldsymbol{E}-\boldsymbol{A})^{-1}=\boldsymbol{E}+\boldsymbol{A}+\boldsymbol{A}^2+\cdots+\boldsymbol{A}^{m-1}$.

★ 21. 设 $\boldsymbol{A}$ 是 n 阶方阵，$\boldsymbol{A}=\boldsymbol{E}-\boldsymbol{\alpha}\boldsymbol{\alpha}^{\mathrm{T}}$，其中 $\boldsymbol{\alpha}$ 为 n 维非零列向量，证明：

(1) $\boldsymbol{A}^2=\boldsymbol{A}$ 的充要条件是 $\boldsymbol{\alpha}^{\mathrm{T}}\boldsymbol{\alpha}=1$；

(2) 若 $\boldsymbol{\alpha}^{\mathrm{T}}\boldsymbol{\alpha}=1$，则 $\boldsymbol{A}$ 不可逆.

★ 22. 设 $\boldsymbol{A}$ 为 $m\times n$ 矩阵，$\boldsymbol{B}$ 为 $n\times s$ 矩阵，$\boldsymbol{x}$ 是 $n\times 1$ 矩阵，证明 $\boldsymbol{AB}=\boldsymbol{O}$ 的充要条件是 $\boldsymbol{B}$ 的每一列都是齐次线性方程组 $\boldsymbol{Ax}=\boldsymbol{0}$ 的解.

★ 23. 利用初等行变换求下列矩阵的秩：

(1) $\begin{bmatrix} 2 & 3 & 7 & -2 & 5 \\ 0 & 1 & -2 & 0 & 7 \\ 6 & 8 & 23 & -6 & 8 \end{bmatrix}$；

(2) $\begin{bmatrix} 2 & -3 & -2 & 10 & 6 \\ 1 & -1 & -1 & 4 & 3 \\ 1 & 1 & -1 & 0 & 3 \\ 1 & 2 & -1 & -2 & 3 \end{bmatrix}$；

(3) $\begin{bmatrix} 1 & -2 & 3 & 1 & -3 \\ -1 & 2 & -3 & -1 & 3 \\ 2 & -4 & 6 & 2 & -6 \\ -3 & 6 & -9 & -3 & 9 \end{bmatrix}$.

★ 24. 求方程组 $\begin{cases} x_1 - 2x_2 + 3x_3 - 4x_4 = 0 \\ x_2 - x_3 + x_4 = 0 \\ x_1 + 3x_2 - 3x_4 = 0 \\ x_1 - 4x_2 + 3x_3 - 2x_4 = 0 \end{cases}$ 的通解.

★ 25. 求方程组 $\begin{cases} x_1 + x_2 + x_3 + x_4 = 0 \\ 2x_1 + x_2 - 3x_3 + 5x_4 = 0 \end{cases}$ 的通解.

★ 26. 求方程组 $\begin{cases} x_1 + x_2 - x_3 - x_4 = 1 \\ 2x_1 + x_2 + x_3 + x_4 = 4 \\ 4x_1 + 3x_2 - x_3 - x_4 = 6 \\ x_1 + 2x_2 - 4x_3 - 4x_4 = -1 \end{cases}$ 的通解.

27. 设线性方程组 $\begin{cases} x_1 + x_2 + x_3 = 0 \\ x_1 + 2x_2 + ax_3 = 0 \\ x_1 + 4x_2 + a^2x_3 = 0 \end{cases}$ 与方程 $x_1 + 2x_2 + x_3 = a - 1$ 有公共解，求 a 的值及所有公共解.

★ 28. 设 λ，μ 为参数，问线性方程组 $\begin{cases} \lambda x_1 + x_2 + x_3 = 4 \\ x_1 + \mu x_2 + x_3 = 3 \\ x_1 + 2\mu x_2 + x_3 = 4 \end{cases}$ 何时有唯一解？何时无解？何时有无穷多解？并在有无穷多解时，求出通解.

二、填空题

29. 设矩阵 $\boldsymbol{A}=\begin{bmatrix}3&2&1\\0&3&2\\0&0&1\end{bmatrix}$，$\boldsymbol{AB}=\boldsymbol{A}^{\mathrm{T}}+2\boldsymbol{B}$，则 $\boldsymbol{B}=$____________.

30. 设 $\boldsymbol{A}=\begin{bmatrix}1&-1&1\\1&1&-1\end{bmatrix}$，$\boldsymbol{B}=\begin{bmatrix}1&2&3\\-1&-2&4\end{bmatrix}$，则 $\boldsymbol{A}+2\boldsymbol{B}=$____________.

31. 已知矩阵 $\boldsymbol{A}$，$\boldsymbol{B}$，$\boldsymbol{C}=(c_{ij})_{s\times n}$，满足 $\boldsymbol{AC}=\boldsymbol{CB}$，则 $\boldsymbol{A}$ 与 $\boldsymbol{B}$ 分别是____________阶和____________阶矩阵.

32. 设 $\boldsymbol{A}$ 为 n 阶矩阵，存在两个不相等的 n 阶矩阵 $\boldsymbol{B}$，$\boldsymbol{C}$，使 $\boldsymbol{AB}=\boldsymbol{AC}$，那么 $\boldsymbol{A}$ 一定是________矩阵.（填“可逆”或“不可逆”）

33. 设矩阵 $\boldsymbol{A}=\begin{bmatrix}1&-1\\2&3\end{bmatrix}$，$\boldsymbol{B}=\boldsymbol{A}^2-3\boldsymbol{A}+2\boldsymbol{E}$，则 $\boldsymbol{B}^{-1}=$____________.

34. 设 n 阶矩阵 $\boldsymbol{A}$ 满足 $\boldsymbol{A}^2+2\boldsymbol{A}+3\boldsymbol{E}=\boldsymbol{O}$，则 $\boldsymbol{A}^{-1}=$____________.

35. 设 $\boldsymbol{A}=\begin{bmatrix}1&0&1\\0&2&0\\0&0&1\end{bmatrix}$，则 $(\boldsymbol{A}+3\boldsymbol{E})^{-1}(\boldsymbol{A}^2-9\boldsymbol{E})=$____________.

36. 设矩阵 $\boldsymbol{A}=\begin{bmatrix}2&1&0&0\\1&1&0&0\\-1&2&2&5\\1&-1&1&3\end{bmatrix}$，则 $\boldsymbol{A}$ 的逆矩阵 $\boldsymbol{A}^{-1}=$____________.

★ 37. 设 $\boldsymbol{A}$ 是 n 阶可逆矩阵，且每一行元素之和都等于 5，矩阵 $\boldsymbol{A}^{-1}$ 的每一行元素之和等于__________.

★ 38. 若 $\boldsymbol{A}=\begin{bmatrix}1&2\\3&4\end{bmatrix}$，$\boldsymbol{P}=\begin{bmatrix}0&1\\1&0\end{bmatrix}$，则 $\boldsymbol{P}^{2005}\boldsymbol{AP}^{2004}=$__________.

39. 已知 $f(x)=x^2-3x+5$，$\boldsymbol{A}=\begin{bmatrix}a&0\\0&b\end{bmatrix}$，则 $f(\boldsymbol{A})=$__________.

40. 设 $\begin{bmatrix}0&1&0\\1&0&0\\0&0&1\end{bmatrix}\boldsymbol{X}\begin{bmatrix}1&0&0\\0&0&1\\0&1&0\end{bmatrix}=\begin{bmatrix}5&1&-1\\-3&2&4\\0&6&1\end{bmatrix}$，则 $\boldsymbol{X}=$________.

41. 已知 $\boldsymbol{\alpha}^{\mathrm{T}}=(1,2,3)$，$\boldsymbol{\beta}^{\mathrm{T}}=(\frac{1}{3},\frac{1}{6},\frac{1}{9})$，设 $\boldsymbol{A}=\boldsymbol{\alpha\beta}^{\mathrm{T}}$，则 $\boldsymbol{A}^n=$________.

42. 设 $\boldsymbol{a}=\begin{bmatrix}-1\\2\end{bmatrix}$，$\boldsymbol{b}=\begin{bmatrix}3\\1\end{bmatrix}$，$\boldsymbol{A}=\boldsymbol{a}\boldsymbol{b}^{\mathrm{T}}$，则 $\boldsymbol{A}^{2010}=$ ________.

43. 设 $\boldsymbol{A}=\begin{bmatrix}5&0&0\\0&4&3\\0&2&1\end{bmatrix}$，则 $\boldsymbol{A}^{-1}=$ ________.

44. 设 $\boldsymbol{A}=\begin{bmatrix}2&0&0\\-2&0&0\\1&3&2\end{bmatrix}$，$\boldsymbol{B}=\begin{bmatrix}1&-1&3\\4&3&2\end{bmatrix}$，且满足 $\boldsymbol{XA}=\boldsymbol{X}+\boldsymbol{B}$，则 $\boldsymbol{X}=$ ________.

★ 45. 已知矩阵 $\boldsymbol{A}=\begin{bmatrix}1&2&3\\2&4&t\\3&6&9\end{bmatrix}$，$\boldsymbol{B}$ 为 3 阶矩阵，且 $\boldsymbol{AB}=\boldsymbol{O}$，那么：

(1) 当 $t\neq 6$ 时，$R(\boldsymbol{B})$ ________；

(2) $t=6$ 时，$R(\boldsymbol{B})$ ________.

★ 46. 已知矩阵 $\begin{bmatrix}k&2&2&2\\2&k&2&2\\2&2&k&2\\2&2&2&k\end{bmatrix}$，且 $R(\boldsymbol{A})=3$，则 $k=$ ________.

★ 47. 已知 $\boldsymbol{A}=\begin{bmatrix}1&2&-2\\4&t&3\\3&-1&1\end{bmatrix}$，$\boldsymbol{B}$ 为 3 阶非零矩阵，且 $\boldsymbol{AB}=\boldsymbol{O}$，则 $t=$ ____.

★ 48. 设 $\boldsymbol{A}$ 是 n 阶矩阵，若对任意 n 维列向量 $\boldsymbol{b}$，线性方程组 $\boldsymbol{Ax}=\boldsymbol{b}$ 均有解，则矩阵 $\boldsymbol{A}$ 的秩是 ________.

三、选择题

★ 49. 设 $\boldsymbol{A}=\begin{bmatrix}a_{11}&a_{12}&a_{13}\\a_{21}&a_{22}&a_{23}\\a_{31}&a_{32}&a_{33}\end{bmatrix}$，$\boldsymbol{B}=\begin{bmatrix}a_{21}&a_{22}&a_{23}\\a_{11}&a_{12}&a_{13}\\a_{31}+a_{11}&a_{32}+a_{12}&a_{33}+a_{13}\end{bmatrix}$，$\boldsymbol{P}_1=\begin{bmatrix}0&1&0\\1&0&0\\0&0&1\end{bmatrix}$，$\boldsymbol{P}_2=\begin{bmatrix}1&0&0\\0&1&0\\1&0&1\end{bmatrix}$，则必有(　　).

(A) $\boldsymbol{AP}_1\boldsymbol{P}_2=\boldsymbol{B}$　　(B) $\boldsymbol{AP}_2\boldsymbol{P}_1=\boldsymbol{B}$

(C) $\boldsymbol{P}_1\boldsymbol{P}_2\boldsymbol{A}=\boldsymbol{B}$　　(D) $\boldsymbol{P}_2\boldsymbol{P}_1\boldsymbol{A}=\boldsymbol{B}$

50. 设矩阵 $\boldsymbol{A}=\begin{bmatrix}1\\-1\end{bmatrix}$，$\boldsymbol{B}=(1,1)$，则 $\boldsymbol{AB}=$(　　).

(A) 0　　(B) $(1,\ -1)$

(C) $\begin{bmatrix} 1 & \\ & -1 \end{bmatrix}$ (D) $\begin{bmatrix} 1 & 1 \\ -1 & -1 \end{bmatrix}$

51. 下列矩阵中(　　)不满足 $\boldsymbol{A}^2=-\boldsymbol{E}$.

(A) $\begin{bmatrix} 1 & -2 \\ 1 & -1 \end{bmatrix}$ (B) $\begin{bmatrix} -1 & -2 \\ 1 & 1 \end{bmatrix}$

(C) $\begin{bmatrix} 1 & -2 \\ 1 & 1 \end{bmatrix}$ (D) $\begin{bmatrix} 1 & 1 \\ -2 & -1 \end{bmatrix}$

52. 设 $\boldsymbol{A}$, $\boldsymbol{B}$ 为 n 阶矩阵，下列运算正确的是(　　).

(A) $(\boldsymbol{AB})^k=\boldsymbol{A}^k\boldsymbol{B}^k$ (B) $\boldsymbol{AB}=\boldsymbol{BA}$

(C) $\boldsymbol{A}^2-\boldsymbol{B}^2=(\boldsymbol{A}-\boldsymbol{B})(\boldsymbol{A}+\boldsymbol{B})$ (D) 若 $\boldsymbol{A}$ 可逆，$k\neq 0$，则 $(k\boldsymbol{A})^{-1}=k^{-1}\boldsymbol{A}^{-1}$

★ 53. 设 $\boldsymbol{A}$ 是方阵，若有矩阵关系式 $\boldsymbol{AB}=\boldsymbol{AC}$，则必有(　　).

(A) $\boldsymbol{A}=\boldsymbol{O}$ (B) $\boldsymbol{B}\neq\boldsymbol{C}$ 时，$\boldsymbol{A}=\boldsymbol{O}$

(C) $\boldsymbol{A}\neq\boldsymbol{O}$ 时，$\boldsymbol{B}=\boldsymbol{C}$ (D) $\boldsymbol{A}$ 可逆时，$\boldsymbol{B}=\boldsymbol{C}$

54. 以下结论正确的是(　　).

(A) 若 $\boldsymbol{A}$ 为 n 阶方阵，则 $\boldsymbol{A}-\boldsymbol{A}^{\mathrm{T}}$ 是对称矩阵

(B) 若 $\boldsymbol{A}^2=\boldsymbol{O}$，则 $\boldsymbol{A}=\boldsymbol{O}$

(C) 若 $\boldsymbol{A}$ 为对称矩阵，则 $\boldsymbol{A}^2$ 也是对称矩阵

(D) 对任意的同阶方阵 $\boldsymbol{A}$, $\boldsymbol{B}$，有 $(\boldsymbol{A}+\boldsymbol{B})(\boldsymbol{A}-\boldsymbol{B})=\boldsymbol{A}^2-\boldsymbol{B}^2$

55. 设 $\boldsymbol{A}$ 为 n 阶方阵，且 $\boldsymbol{A}^2+\boldsymbol{A}-5\boldsymbol{E}=\boldsymbol{O}$，则 $(\boldsymbol{A}+2\boldsymbol{E})^{-1}=$(　　).

(A) $\boldsymbol{A}-\boldsymbol{E}$ (B) $\boldsymbol{E}+\boldsymbol{A}$

(C) $\frac{1}{3}(\boldsymbol{A}-\boldsymbol{E})$ (D) $\frac{1}{3}(\boldsymbol{A}+\boldsymbol{E})$

56. 设 $\boldsymbol{A}$, $\boldsymbol{B}$ 均为 n 阶方阵，下面结论正确的是(　　).

(A) 若 $\boldsymbol{A}$, $\boldsymbol{B}$ 均可逆，则 $\boldsymbol{A}+\boldsymbol{B}$ 可逆

(B) 若 $\boldsymbol{A}$, $\boldsymbol{B}$ 均可逆，则 $\boldsymbol{AB}$ 可逆

(C) 若 $\boldsymbol{A}+\boldsymbol{B}$ 可逆，则 $\boldsymbol{A}-\boldsymbol{B}$ 可逆

(D) 若 $\boldsymbol{A}+\boldsymbol{B}$ 可逆，则 $\boldsymbol{A}$, $\boldsymbol{B}$ 均可逆

57. 设矩阵 $\boldsymbol{A}=\begin{bmatrix} 1 & 0 & 0 \\ 0 & 2 & 0 \\ 0 & 0 & 3 \end{bmatrix}$，则 $\boldsymbol{A}^{-1}$ 等于(　　).

(A) $\begin{bmatrix} \frac{1}{3} & 0 & 0 \\ 0 & \frac{1}{2} & 0 \\ 0 & 0 & 1 \end{bmatrix}$ (B) $\begin{bmatrix} 1 & 0 & 0 \\ 0 & \frac{1}{2} & 0 \\ 0 & 0 & \frac{1}{3} \end{bmatrix}$

(C) $\begin{bmatrix} \frac{1}{3} & 0 & 0 \\ 0 & 1 & 0 \\ 0 & 0 & \frac{1}{2} \end{bmatrix}$ (D) $\begin{bmatrix} \frac{1}{2} & 0 & 0 \\ 0 & \frac{1}{3} & 0 \\ 0 & 0 & 1 \end{bmatrix}$

★ 58. 设 $\boldsymbol{A}$，$\boldsymbol{B}$，$\boldsymbol{C}$ 为同阶方阵，且 $\boldsymbol{ABC}=\boldsymbol{E}$，则下列各式中不成立的是(　　).

(A) $\boldsymbol{CAB}=\boldsymbol{E}$　　(B) $\boldsymbol{B}^{-1}\boldsymbol{A}^{-1}\boldsymbol{C}^{-1}=\boldsymbol{E}$

(C) $\boldsymbol{BCA}=\boldsymbol{E}$　　(D) $\boldsymbol{C}^{-1}\boldsymbol{A}^{-1}\boldsymbol{B}^{-1}=\boldsymbol{E}$

59. 设 $\boldsymbol{A}$，$\boldsymbol{B}$ 均为 n 阶可逆矩阵，则必有(　　).

(A) $\boldsymbol{A}+\boldsymbol{B}$ 可逆　　(B) $\boldsymbol{AB}$ 可逆

(C) $\boldsymbol{A}-\boldsymbol{B}$ 可逆　　(D) $\boldsymbol{AB}+\boldsymbol{BA}$ 可逆

60. 下列矩阵中，不是初等矩阵的是(　　).

(A) $\begin{bmatrix}0&0&1\\0&1&0\\1&0&0\end{bmatrix}$　　(B) $\begin{bmatrix}1&0&0\\0&0&0\\1&0&0\end{bmatrix}$

(C) $\begin{bmatrix}1&0&0\\0&2&0\\0&0&1\end{bmatrix}$　　(D) $\begin{bmatrix}1&0&0\\0&1&-2\\0&0&1\end{bmatrix}$

★ 61. 设 $\boldsymbol{A}$，$\boldsymbol{B}$ 为同阶可逆方阵，则(　　).

(A) $\boldsymbol{AB}=\boldsymbol{BA}$

(B) 存在可逆矩阵 $\boldsymbol{P}$，使 $\boldsymbol{P}^{-1}\boldsymbol{AP}=\boldsymbol{B}$

(C) 存在可逆矩阵 $\boldsymbol{C}$，使 $\boldsymbol{C}^{\mathrm{T}}\boldsymbol{AC}=\boldsymbol{B}$

(D) 存在可逆矩阵 $\boldsymbol{P}$，$\boldsymbol{Q}$，使 $\boldsymbol{PAQ}=\boldsymbol{B}$

★ 62. 设 $\boldsymbol{A}$ 为3阶矩阵，将矩阵 $\boldsymbol{A}$ 的第一行加到第三行得到矩阵 $\boldsymbol{B}$，再将 $\boldsymbol{B}$ 的第三列的 -1 倍加到第一列得到 $\boldsymbol{C}$，设 $\boldsymbol{P}=\begin{bmatrix}1&0&0\\0&1&0\\1&0&1\end{bmatrix}$，写出 $\boldsymbol{A}$，$\boldsymbol{C}$，$\boldsymbol{P}$ 三个矩阵的关系等式(　　).

(A) $\boldsymbol{PAP}=\boldsymbol{C}$　　(B) $\boldsymbol{P}^{-1}\boldsymbol{AP}=\boldsymbol{C}$

(C) $\boldsymbol{PAP}^{\mathrm{T}}=\boldsymbol{C}$　　(D) $\boldsymbol{PAP}^{-1}=\boldsymbol{C}$

★ 63. 非齐次线性方程组 $\boldsymbol{Ax}=\boldsymbol{b}$，其中 $\boldsymbol{A}$ 是 $m\times n$ 矩阵，且 $R(\boldsymbol{A})=r$，则(　　).

(A) 当 $m=n$ 时方程组有解　　(B) 当 $m=r$ 时方程组有解

(C) 当 $m<n$ 时方程组有解　　(D) 当 $m>n$ 时方程组无解

★ 64. 非齐次线性方程组 $\boldsymbol{Ax}=\boldsymbol{b}$，其中 $\boldsymbol{A}$ 是 $m\times n$ 矩阵，且 $R(\boldsymbol{A})=r$，则(　　).

(A) 当 $n=r$ 时方程组有唯一解　　(B) 当 $R([\boldsymbol{A},\boldsymbol{b}])=r+1$ 时方程组无解

(C) 当 $m<n$ 时方程组有无穷多组解　　(D) 当 $m>n$ 时方程组无解

65. 设 $\boldsymbol{A}$ 是 $m\times n$ 矩阵，$\boldsymbol{B}$ 是 $n\times m$ 矩阵，则线性方程组 $(\boldsymbol{BA})\boldsymbol{x}=\boldsymbol{0}$ (　　).

(A) 当 $m>n$ 时只有零解　　(B) 当 $m<n$ 时只有零解

(C) 当 $m>n$ 时有非零解　　(D) 当 $m<n$ 时有非零解

66. 设 $\boldsymbol{A}$ 为 n 阶方阵，$\boldsymbol{b}$ 是非零 n 维列向量，分析以下命题并确定(　　).

① 若 $\boldsymbol{Ax}=\boldsymbol{b}$ 有唯一解，则 $\boldsymbol{Ax}=\boldsymbol{0}$ 只有零解；

② 若 $\boldsymbol{Ax}=\boldsymbol{b}$ 有无穷多组解，则 $\boldsymbol{Ax}=\boldsymbol{0}$ 有非零解；

③ 若 $\boldsymbol{Ax}=\boldsymbol{0}$ 只有零解，则 $\boldsymbol{Ax}=\boldsymbol{b}$ 有唯一解；

④ 若 $\boldsymbol{Ax}=\boldsymbol{0}$ 有非零解，则 $\boldsymbol{Ax}=\boldsymbol{b}$ 有无穷多组解.

(A) 只有①正确　　(B) 只有①和②正确

(C) 只有①、②和③正确　　(D) 4 个命题都正确

★ 67. 设 $\boldsymbol{A}$ 为 $m \times n$ 矩阵，$\boldsymbol{b}$ 是非零 m 维列向量，分析以下 4 个命题并确定(　　).

① 若 $\boldsymbol{Ax} = \boldsymbol{b}$ 有唯一解，则 $\boldsymbol{Ax} = \boldsymbol{0}$ 只有零解；

② 若 $\boldsymbol{Ax} = \boldsymbol{b}$ 有无穷多组解，则 $\boldsymbol{Ax} = \boldsymbol{0}$ 有非零解；

③ 若 $\boldsymbol{Ax} = \boldsymbol{0}$ 只有零解，则 $\boldsymbol{Ax} = \boldsymbol{b}$ 有唯一解；

④ 若 $\boldsymbol{Ax} = \boldsymbol{0}$ 有非零解，则 $\boldsymbol{Ax} = \boldsymbol{b}$ 有无穷多组解.

(A) 只有①正确　　(B) 只有①和②正确

(C) 只有①、②和③正确　　(D) 4 个命题都正确

第三章　n 维向量与向量空间

一、计算和证明题

1. 已知 $2\boldsymbol{\alpha}+3\boldsymbol{\beta}=(6,6,10,28)^{\mathrm{T}}$，$3\boldsymbol{\alpha}+5\boldsymbol{\beta}=(9,3,2,12)^{\mathrm{T}}$，求 $\boldsymbol{\beta}$.

2. 已知 $\boldsymbol{\alpha}_1=2\boldsymbol{\beta}_1-\boldsymbol{\beta}_2$，$\boldsymbol{\alpha}_2=\boldsymbol{\beta}_1+2\boldsymbol{\beta}_2$，$\boldsymbol{\alpha}_3=3\boldsymbol{\beta}_1-2\boldsymbol{\beta}_2$，$\boldsymbol{\gamma}=2\boldsymbol{\alpha}_1+3\boldsymbol{\alpha}_2+4\boldsymbol{\alpha}_3$，那么 $\boldsymbol{\gamma}$ 如何由 $\boldsymbol{\beta}_1$，$\boldsymbol{\beta}_2$，$\boldsymbol{\beta}_3$ 线性表示.

★ 3. 设向量组 $\boldsymbol{\alpha}_1$，$\boldsymbol{\alpha}_2$，…，$\boldsymbol{\alpha}_4$ 线性无关，判断向量组

$$\boldsymbol{\beta}_j = 1^{j-1}\boldsymbol{\alpha}_1 + 2^{j-1}\boldsymbol{\alpha}_2 + 3^{j-1}\boldsymbol{\alpha}_3 + 4^{j-1}\boldsymbol{\alpha}_4,\ j = 1, 2, 3, 4$$

的线性相关性.

★ 4. 求向量组 $\boldsymbol{\beta}_1 = \begin{bmatrix} 1 \\ 2 \\ 3 \\ 1 \end{bmatrix}$，$\boldsymbol{\beta}_2 = \begin{bmatrix} 0 \\ 1 \\ 2 \\ -2 \end{bmatrix}$，$\boldsymbol{\beta}_3 = \begin{bmatrix} 2 \\ 1 \\ 0 \\ 8 \end{bmatrix}$ 的秩与所有极大无关组.

★ 5. 证明：n 维向量组 $\boldsymbol{\alpha}_1, \boldsymbol{\alpha}_2, \cdots, \boldsymbol{\alpha}_n$ 线性无关的充要条件是任何 n 维向量都可以由向量组 $\boldsymbol{\alpha}_1, \boldsymbol{\alpha}_2, \cdots, \boldsymbol{\alpha}_n$ 线性表示.

6. 已知向量组 $\boldsymbol{\alpha}_1, \boldsymbol{\alpha}_2, \cdots, \boldsymbol{\alpha}_n$ 的秩为 r_1，向量组 $\boldsymbol{\beta}_1, \boldsymbol{\beta}_2, \cdots, \boldsymbol{\beta}_n$ 的秩为 r_2，向量组 $\boldsymbol{\alpha}_1, \boldsymbol{\alpha}_2, \cdots, \boldsymbol{\alpha}_n, \boldsymbol{\beta}_1, \boldsymbol{\beta}_2, \cdots, \boldsymbol{\beta}_n$ 的秩为 r_3，向量组 $\boldsymbol{\alpha}_1+\boldsymbol{\beta}_1, \boldsymbol{\alpha}_2+\boldsymbol{\beta}_2, \cdots, \boldsymbol{\alpha}_n+\boldsymbol{\beta}_n$ 的秩为 r_4. 证明：

(1) $\max(r_1, r_2) \leqslant r_3$；

(2) $r_3 \leqslant r_1 + r_2$；

(3) $r_4 \leqslant r_3$.

★ 7. 设$\boldsymbol{\alpha}$，$\boldsymbol{\beta}$为 3 维列向量，矩阵$\boldsymbol{A}=\boldsymbol{\alpha}\boldsymbol{\alpha}^{\mathrm{T}}+\boldsymbol{\beta}\boldsymbol{\beta}^{\mathrm{T}}$，证明：

(1) 秩$R(\boldsymbol{A})\leqslant 2$；

(2) 若$\boldsymbol{\alpha}$，$\boldsymbol{\beta}$线性相关，则$R(\boldsymbol{A})<2$．

★ 8. 已知$\boldsymbol{\alpha}_1$，$\boldsymbol{\alpha}_2$，$\boldsymbol{\alpha}_3$线性无关，$\boldsymbol{\alpha}_1$，$\boldsymbol{\alpha}_2$，$\boldsymbol{\beta}$线性相关，证明$\boldsymbol{\beta}$可以由$\boldsymbol{\alpha}_1$，$\boldsymbol{\alpha}_2$，$\boldsymbol{\alpha}_3$线性表示.

9. $\boldsymbol{\alpha}_1$，$\boldsymbol{\alpha}_2$，…，$\boldsymbol{\alpha}_m$ 为 m 个 m 维列向量，$\boldsymbol{\beta}_1$，$\boldsymbol{\beta}_2$，…，$\boldsymbol{\beta}_m$ 也为 m 个 m 维列向量. 已知 $\boldsymbol{\alpha}_1$，$\boldsymbol{\alpha}_2$，…，$\boldsymbol{\alpha}_m$ 线性无关，证明 $\boldsymbol{\beta}_1$，$\boldsymbol{\beta}_2$，…，$\boldsymbol{\beta}_m$ 线性无关的充分必要条件是矩阵 $\boldsymbol{B}=(\boldsymbol{\beta}_1, \boldsymbol{\beta}_2, \cdots, \boldsymbol{\beta}_m)$ 与矩阵 $\boldsymbol{A}=(\boldsymbol{\alpha}_1, \boldsymbol{\alpha}_2, \cdots, \boldsymbol{\alpha}_m)$ 等价.

10. 已知向量 $\boldsymbol{\alpha}_1=(1, 3, 4, -2)^{\mathrm{T}}$，$\boldsymbol{\alpha}_2=(2, 1, 3, t)^{\mathrm{T}}$，$\boldsymbol{\alpha}_3=(3, -1, 2, 0)^{\mathrm{T}}$，求：

(1) 向量组 $\boldsymbol{\alpha}_1$，$\boldsymbol{\alpha}_2$，$\boldsymbol{\alpha}_3$ 线性相关时的 t 值；

(2) 当 $t=2$ 时，向量组 $\boldsymbol{\alpha}_1$，$\boldsymbol{\alpha}_2$，$\boldsymbol{\alpha}_3$ 的一个极大线性无关组.

★ 11. 设 $\mathbf{V}=\{\boldsymbol{x}=(x_1, x_2, x_3)^{\mathrm{T}} \mid x_1-x_2+2x_3=0, x_1, x_2, x_3\in\mathbf{R}\}$，证明 $\mathbf{V}$ 为 $\mathbf{R}^3$ 的一个子空间，并求 $\mathbf{V}$ 的一组基.

★ 12. 设 $\mathbf{R}^3$ 的两组基为

$$\boldsymbol{\alpha}_1=(1, 1, 1)^{\mathrm{T}}, \boldsymbol{\alpha}_2=(1, 0, -1)^{\mathrm{T}}, \boldsymbol{\alpha}_3=(1, 0, 1)^{\mathrm{T}}$$

$$\boldsymbol{\beta}_1=(1, 2, 1)^{\mathrm{T}}, \boldsymbol{\beta}_2=(2, 3, 4)^{\mathrm{T}}, \boldsymbol{\beta}_3=(3, 4, 3)^{\mathrm{T}}$$

求从基 $\boldsymbol{\alpha}_1, \boldsymbol{\alpha}_2, \boldsymbol{\alpha}_3$ 到基 $\boldsymbol{\beta}_1, \boldsymbol{\beta}_2, \boldsymbol{\beta}_3$ 的过渡矩阵.

13. 设 $\mathbf{R}^4$ 中的两组基分别为 $\boldsymbol{\alpha}_1$，$\boldsymbol{\alpha}_2$，$\boldsymbol{\alpha}_3$，$\boldsymbol{\alpha}_4$ 和 $\boldsymbol{\beta}_1$，$\boldsymbol{\beta}_2$，$\boldsymbol{\beta}_3$，$\boldsymbol{\beta}_4$，$\mathbf{R}^4$ 中一个向量 $\boldsymbol{\xi}$ 在这两组基下的坐标分别为 $(x_1, x_2, x_3, x_4)^{\mathrm{T}}$，$(y_1, y_2, y_3, y_4)^{\mathrm{T}}$. 已知有以下坐标变换关系：

$$\begin{cases} y_1 = x_1 \\ y_2 = x_1 + x_2 \\ y_3 = x_2 + x_3 \\ y_4 = x_3 + x_4 \end{cases}$$

求基 $\boldsymbol{\alpha}_1$，$\boldsymbol{\alpha}_2$，$\boldsymbol{\alpha}_3$，$\boldsymbol{\alpha}_4$ 到基 $\boldsymbol{\beta}_1$，$\boldsymbol{\beta}_2$，$\boldsymbol{\beta}_3$，$\boldsymbol{\beta}_4$ 的过渡矩阵.

14. 设 $\boldsymbol{\alpha} = (1, -2, 1)^{\mathrm{T}}$，$\boldsymbol{A} = \boldsymbol{E} + k\boldsymbol{\alpha}\boldsymbol{\alpha}^{\mathrm{T}}$，其中 $k \neq 0$，如果 $\boldsymbol{A}$ 是正交矩阵，求 k 值.

15. 设 $\boldsymbol{x}$ 为 n 维非零列向量，令 $\boldsymbol{H}=\boldsymbol{E}-2\dfrac{\boldsymbol{x}\boldsymbol{x}^{\mathrm{T}}}{\boldsymbol{x}^{\mathrm{T}}\boldsymbol{x}}$. 证明：$\boldsymbol{H}$ 是对称的正交矩阵.

16. 设 $\boldsymbol{\alpha}_1=\begin{bmatrix}a\\a\\a\end{bmatrix}$，$\boldsymbol{\alpha}_2=\begin{bmatrix}b\\b+1\\b\end{bmatrix}$，$\boldsymbol{\alpha}_3=\begin{bmatrix}2\\2\\b+1\end{bmatrix}$，$\boldsymbol{\beta}=\begin{bmatrix}1\\1\\1\end{bmatrix}$，分析 a 和 b 满足何种关系时，

(1) $\boldsymbol{\beta}$ 可由 $\boldsymbol{\alpha}_1$，$\boldsymbol{\alpha}_2$，$\boldsymbol{\alpha}_3$ 唯一线性表示；

(2) $\boldsymbol{\beta}$ 可由 $\boldsymbol{\alpha}_1$，$\boldsymbol{\alpha}_2$，$\boldsymbol{\alpha}_3$ 不唯一线性表示；

(3) $\boldsymbol{\beta}$ 不能由 $\boldsymbol{\alpha}_1$，$\boldsymbol{\alpha}_2$，$\boldsymbol{\alpha}_3$ 线性表示.

17. 已知方程组 $\begin{cases} x_1+x_2+x_3+x_4=-1 \\ 4x_1+3x_2+5x_3-x_4=-1 \\ \lambda x_1+x_2+3x_3+\mu x_4=1 \end{cases}$，其对应齐次线性方程组的解空间维数是 2，求：

(1) 系数矩阵 $\mathbf{A}$ 的秩 $R(\mathbf{A})=$?

(2) λ，μ 的值及方程组的通解.

★ 18. 求一个齐次线性方程组，使它的基础解系为：$\boldsymbol{\xi}_1=(1,2,3,4)^{\mathrm{T}}$，$\boldsymbol{\xi}_2=(4,3,2,1)^{\mathrm{T}}$.

★ 19. 设 $\boldsymbol{A}=\begin{bmatrix}2 & -2 & 1 & 3\\ 9 & -5 & 2 & 8\end{bmatrix}$，求一个 4×2 矩阵 $\boldsymbol{B}$，使得 $\boldsymbol{AB}=\boldsymbol{O}$，且 $R(\boldsymbol{B})=2$.

★ 20. 设三元一次非齐次方程组 $\boldsymbol{Ax}=\boldsymbol{b}$ 的系数矩阵的秩为 2，且它的三个解向量 $\boldsymbol{\eta}_1$，$\boldsymbol{\eta}_2$，$\boldsymbol{\eta}_3$ 满足 $\boldsymbol{\eta}_1+\boldsymbol{\eta}_2=(3,1,-1)^{\mathrm{T}}$，$\boldsymbol{\eta}_1+\boldsymbol{\eta}_3=(2,0,-2)^{\mathrm{T}}$，求 $\boldsymbol{Ax}=\boldsymbol{b}$ 的通解.

★ 21. 已知 $\boldsymbol{\alpha}_1,\boldsymbol{\alpha}_2,\boldsymbol{\alpha}_3,\boldsymbol{\alpha}_4,\boldsymbol{\beta}$ 为 4 维列向量，其中 $\boldsymbol{\alpha}_1,\boldsymbol{\alpha}_2,\boldsymbol{\alpha}_3$ 线性无关，$\boldsymbol{\alpha}_4=2\boldsymbol{\alpha}_1-\boldsymbol{\alpha}_3$，$\boldsymbol{\beta}=\boldsymbol{\alpha}_1+\boldsymbol{\alpha}_2+\boldsymbol{\alpha}_3$，求非齐次线性方程组 $\boldsymbol{Ax}=\boldsymbol{\beta}$ 的通解，其中 $\boldsymbol{A}=(\boldsymbol{\alpha}_1,\boldsymbol{\alpha}_2,\boldsymbol{\alpha}_3,\boldsymbol{\alpha}_4)$.

★ 22. 已知 $\boldsymbol{A}$ 为 3 阶非零矩阵，矩阵 $\boldsymbol{B}=\begin{bmatrix}1&-2&-1\\-1&2&a\\2&3&5\end{bmatrix}$，且 $\boldsymbol{AB}=\boldsymbol{O}$，求 a 及齐次线性方程组 $\boldsymbol{Ax}=\boldsymbol{0}$ 的通解.

★ 23. 设 $\boldsymbol{\eta}$ 是非齐次线性方程组 $\boldsymbol{Ax}=\boldsymbol{b}$ 的一个解，$\boldsymbol{\xi}_1$，$\boldsymbol{\xi}_2$，…，$\boldsymbol{\xi}_{n-r}$ 是对应齐次线性方程组 $\boldsymbol{Ax}=\boldsymbol{0}$ 的一个基础解系，证明：

(1) $\boldsymbol{\eta}$，$\boldsymbol{\xi}_1$，$\boldsymbol{\xi}_2$，…，$\boldsymbol{\xi}_{n-r}$ 线性无关；

(2) $\boldsymbol{\eta}$，$\boldsymbol{\eta}+\boldsymbol{\xi}_1$，$\boldsymbol{\eta}+\boldsymbol{\xi}_2$，…，$\boldsymbol{\eta}+\boldsymbol{\xi}_{n-r}$ 线性无关.

★ 24. 设 $\boldsymbol{A}$ 为 $m\times n$ 矩阵，$\boldsymbol{b}$ 是 m 维列向量，证明：

(1) $R(\boldsymbol{A}^{\mathrm{T}}\boldsymbol{A})=R(\boldsymbol{A})$；

(2) 线性方程组 $\boldsymbol{A}^{\mathrm{T}}\boldsymbol{Ax}=\boldsymbol{A}^{\mathrm{T}}\boldsymbol{b}$ 必有解.

25. 设 $\boldsymbol{A}$ 为 $m\times n$ 矩阵，$\boldsymbol{B}$ 为 $n\times s$ 矩阵，已知 $\boldsymbol{B}$ 的秩 $R(\boldsymbol{B})=n$. 证明：$R(\boldsymbol{AB})=R(\boldsymbol{A})$.

★ 26. 若 $\boldsymbol{A}$ 为 n 阶方阵，$\boldsymbol{A}^*$ 为 $\boldsymbol{A}$ 的伴随矩阵，证明：

$$R(\boldsymbol{A}^*)=\begin{cases}n, & R(\boldsymbol{A})=n\\ 1, & R(\boldsymbol{A})=n-1\\ 0, & R(\boldsymbol{A})<n-1\end{cases}$$

27. 设 $\boldsymbol{A}$，$\boldsymbol{B}$ 为 n 阶矩阵，证明：$R(\boldsymbol{AB}-\boldsymbol{E})\leqslant R(\boldsymbol{A}-\boldsymbol{E})+R(\boldsymbol{B}-\boldsymbol{E})$.

★ 28. 若 n 阶方阵 $\boldsymbol{A}$ 满足 $\boldsymbol{A}^2=\boldsymbol{A}$，证明：$R(\boldsymbol{A})+R(\boldsymbol{A}-\boldsymbol{E})=n$.

★ 29. 设矩阵 $\boldsymbol{A}$ 为 $m \times n$，且 $R(\boldsymbol{A}) = m$，证明：若 $\boldsymbol{BA} = \boldsymbol{O}$，则 $\boldsymbol{B} = \boldsymbol{O}$.

★ 30. 设 $\boldsymbol{\alpha}$ 为 n 维列向量，$\boldsymbol{\alpha}^{\mathrm{T}}\boldsymbol{\alpha} = 1$，矩阵 $\boldsymbol{A} = \boldsymbol{E} - \boldsymbol{\alpha}\boldsymbol{\alpha}^{\mathrm{T}}$，证明：$R(\boldsymbol{A}) < n$.

★ 31. 设 $\boldsymbol{A}$ 是 $m\times s$ 矩阵，$\boldsymbol{B}$ 是 $s\times n$ 矩阵，且 $\boldsymbol{AB}=\boldsymbol{O}$，证明：$R(\boldsymbol{A})+R(\boldsymbol{B})\leqslant s$.

二、填空题

32. t ________ 时，$\boldsymbol{\beta}=(-1,5,5t)$ 可由 $\boldsymbol{\alpha}_1=(1,1,2)$，$\boldsymbol{\alpha}_2=(2,t,4)$，$\boldsymbol{\alpha}_3=(t,3,6)$ 线性表示.

33. 向量组 $(a,b,c)^{\mathrm{T}}$，$(b,c,d)^{\mathrm{T}}$，$(a,a,a)^{\mathrm{T}}$，$(c,b,c)^{\mathrm{T}}$ ________ .（填写："线性相关""线性无关"或"线性相关性无法判断"）

34. (1) 设齐次线性方程组 $\boldsymbol{Ax}=\boldsymbol{0}$ 仅有零解，则 $\boldsymbol{A}$ 的行向量组 ________ ；$\boldsymbol{A}$ 的列向量组 ______ .（填写："线性相关""线性无关"或"线性相关性无法判断"）

(2) 设 $\boldsymbol{A}$ 为 n 阶矩阵，且齐次线性方程组 $\boldsymbol{Ax}=\boldsymbol{0}$ 仅有零解，则 $\boldsymbol{A}$ 的行向量组 ______ ；$\boldsymbol{A}$ 的列向量组 __________ .（填写："线性相关""线性无关"或"线性相关性无法判断"）

★ 35. $\boldsymbol{A}$、$\boldsymbol{B}$ 为两个非零矩阵，且 $\boldsymbol{AB}=\boldsymbol{O}$，则 $\boldsymbol{A}$ 的行向量组 ______________ ，$\boldsymbol{A}$ 的列向量组 ______________ ，$\boldsymbol{B}$ 的行向量组 ______________ ，$\boldsymbol{B}$ 的列向量组 ____________ .（填写："线性相关""线性无关"或"线性相关性无法判断"）

36. 设 $\boldsymbol{\alpha}_1=(1,2,3)^{\mathrm{T}}$，$\boldsymbol{\alpha}_2=(3,2,1)^{\mathrm{T}}$，$\boldsymbol{\alpha}_3=(1,1,1)^{\mathrm{T}}$，求由它们构成向量空间的一组基为 ____________ .

37. 向量 $\boldsymbol{\beta}=(2,3)^{\mathrm{T}}$ 在 $\mathbf{R}^2$ 的一组基 $\boldsymbol{\alpha}_1=(1,1)^{\mathrm{T}}$，$\boldsymbol{\alpha}_2=(0,-1)^{\mathrm{T}}$ 下的坐标为 ________________ .

★ 38. 设 $\boldsymbol{A}=(a_{ij})_{3\times 3}$ 是正交矩阵，且 $\boldsymbol{b}=(1,0,0)^{\mathrm{T}}$，$a_{11}=1$，则线性方程组 $\boldsymbol{Ax}=\boldsymbol{b}$ 的解为 ________ .

★ 39. 设 n 阶矩阵 $\boldsymbol{A}$ 的各行元素之和均为零，且 $\boldsymbol{A}$ 的秩为 $n-1$，则齐次线性方程组

$\boldsymbol{Ax}=\mathbf{0}$ 的通解为____________.

40. $\boldsymbol{A}$ 的列向量组线性无关，则齐次线性方程组 $\boldsymbol{Ax}=\mathbf{0}$ ________；非齐次线性方程组 $\boldsymbol{Ax}=\boldsymbol{b}$ ________.（填写："有解""无解"或"解的情况无法判断"）

41. 若齐次线性方程组 $\boldsymbol{Ax}=\mathbf{0}$ 只有零解，则 $\boldsymbol{A}$ 的行向量组________；若非齐次线性方程组 $\boldsymbol{Ax}=\boldsymbol{b}$ 无解，则 $\boldsymbol{A}$ 的所有列向量和 $\boldsymbol{b}$ 构成的向量组__________.（填写："线性相关""线性无关"或"线性相关性无法判断"）

★ 42. 设 $\boldsymbol{\alpha}_1$，$\boldsymbol{\alpha}_2$，$\boldsymbol{\alpha}_3$ 是四元一次非齐次线性方程组 $\boldsymbol{Ax}=\boldsymbol{b}$ 的三个解向量，且 $R(\boldsymbol{A})=3$，已知：$\boldsymbol{\alpha}_1+3\boldsymbol{\alpha}_2=(1,2,3,4)^{\mathrm{T}}$，$2\boldsymbol{\alpha}_2+\boldsymbol{\alpha}_3=(4,3,2,1)^{\mathrm{T}}$．则非齐次线性方程组 $\boldsymbol{Ax}=\boldsymbol{b}$ 的通解是____________.

★ 43. 设三阶矩阵 $\boldsymbol{A}=\begin{bmatrix} a & b & b \\ b & a & b \\ b & b & a \end{bmatrix}$，若 $\boldsymbol{A}$ 的伴随矩阵的秩等于 1，则 a，b 满足的条件是__________.

44. 设 $\boldsymbol{A}$ 为 4×3 矩阵且 $\boldsymbol{A}$ 的秩 $R(\boldsymbol{A})=3$，$\boldsymbol{B}=\begin{bmatrix} 2 & 1 & 0 \\ 1 & 1 & 1 \\ 0 & 1 & 2 \end{bmatrix}$，则 $R(\boldsymbol{AB})=$________.

★ 45. 设 $\boldsymbol{A}$ 为三阶矩阵，$\boldsymbol{A}$ 的每行元素之和都为 0，且 $R(\boldsymbol{A})=2$，设 $\boldsymbol{A}=(\boldsymbol{\alpha}_1,\boldsymbol{\alpha}_2,\boldsymbol{\alpha}_3)$，且 $\boldsymbol{\alpha}_1-\boldsymbol{\alpha}_2+2\boldsymbol{\alpha}_3=\boldsymbol{\beta}$，则非齐次线性方程组 $\boldsymbol{Ax}=\boldsymbol{\beta}$ 的通解是__________.

46. n 阶方阵 $\boldsymbol{A}$ 的秩为 $n-1$，则其伴随矩阵的秩为__________.

47. 已知 $\boldsymbol{\xi}_1$，$\boldsymbol{\xi}_2$ 是 n 元方程组 $\boldsymbol{Ax}=\mathbf{0}$ 的线性无关解向量，则其系数矩阵 $\boldsymbol{A}$ 的伴随矩阵 $\boldsymbol{A}^*$ 的秩为__________.

48. 设 $\boldsymbol{A}$ 为 n 阶矩阵($n>2$)，$\boldsymbol{A}^*$ 是 $\boldsymbol{A}$ 的伴随矩阵，若对任意 n 维列向量 $\boldsymbol{\xi}$ 均有 $\boldsymbol{A}^*\boldsymbol{\xi}=\mathbf{0}$，则齐次线性方程组 $\boldsymbol{Ax}=0$ 的基础解系含有向量个数 k 应该满足关系：________.

★ 49. 已知矩阵 $\boldsymbol{A}$ 的伴随矩阵 $\boldsymbol{A}^*\neq\boldsymbol{O}$，$\eta_1$，$\eta_2$ 是非齐次线性方程组 $\boldsymbol{Ax}=\boldsymbol{b}$ 的两个不同解。则对应的齐次线性方程组 $\boldsymbol{Ax}=\mathbf{0}$ 的基础解系含有______个解向量.

★ 50. 设矩阵 $\boldsymbol{A}=\begin{bmatrix} 3 & 2 & -1 \\ 2 & 1 & 0 \\ k & -2 & 5 \end{bmatrix}$，$\boldsymbol{B}$ 是三阶非零矩阵，已知任意三维列向量 $\boldsymbol{\xi}$ 都是齐次线性方程组 $\boldsymbol{ABx}=\mathbf{0}$ 的解，则常数 $k=$______.

三、选择题

51. 设齐次线性方程组 $\boldsymbol{Ax}=\mathbf{0}$ 有非零解，则(　　).

(A) $\boldsymbol{A}$ 的列向量线性无关　　(B) $\boldsymbol{A}$ 的列向量线性相关

(C) $\boldsymbol{A}$ 的行向量线性无关　　(D) $\boldsymbol{A}$ 的行向量线性相关

★ 52. 若向量组 $\boldsymbol{\alpha}_1$，$\boldsymbol{\alpha}_2$，$\boldsymbol{\alpha}_3$ 线性无关，$\boldsymbol{\alpha}_1$，$\boldsymbol{\alpha}_2$，$\boldsymbol{\alpha}_4$ 线性相关，则(　　).

(A) $\boldsymbol{\alpha}_1$ 必可由 $\boldsymbol{\alpha}_2$，$\boldsymbol{\alpha}_3$，$\boldsymbol{\alpha}_4$ 线性表示

(B) $\boldsymbol{\alpha}_1$ 必不可由 $\boldsymbol{\alpha}_2$，$\boldsymbol{\alpha}_3$，$\boldsymbol{\alpha}_4$ 线性表示

(C) $\boldsymbol{\alpha}_4$ 必可由 $\boldsymbol{\alpha}_1$，$\boldsymbol{\alpha}_2$，$\boldsymbol{\alpha}_3$ 线性表示

(D) $\boldsymbol{\alpha}_4$ 必不可由 $\boldsymbol{\alpha}_1$，$\boldsymbol{\alpha}_2$，$\boldsymbol{\alpha}_3$ 线性表示

★ 53. 已知向量组 $\boldsymbol{\alpha}_1$，$\boldsymbol{\alpha}_2$，$\boldsymbol{\alpha}_3$，$\boldsymbol{\alpha}_4$ 线性无关，则向量组Ⅰ：$\boldsymbol{\alpha}_1+\boldsymbol{\alpha}_2$，$\boldsymbol{\alpha}_2+\boldsymbol{\alpha}_3$，$\boldsymbol{\alpha}_3+\boldsymbol{\alpha}_4$，$\boldsymbol{\alpha}_4+\boldsymbol{\alpha}_1$ 和向量组Ⅱ：$\boldsymbol{\alpha}_1+\boldsymbol{\alpha}_2$，$\boldsymbol{\alpha}_2+\boldsymbol{\alpha}_3$，$\boldsymbol{\alpha}_3+\boldsymbol{\alpha}_4$，$\boldsymbol{\alpha}_4-\boldsymbol{\alpha}_1$（　　）.

(A) 向量组Ⅰ线性相关；向量组Ⅱ线性无关

(B) 向量组Ⅰ线性无关；向量组Ⅱ线性相关

(C) 向量组Ⅰ和向量组Ⅱ均线性相关

(D) 向量组Ⅰ和向量组Ⅱ均线性无关

54. 向量组Ⅰ：$\boldsymbol{\alpha}_1$，$\boldsymbol{\alpha}_2$，…，$\boldsymbol{\alpha}_r$ 可由向量组Ⅱ：$\boldsymbol{\beta}_1$，$\boldsymbol{\beta}_2$，…，$\boldsymbol{\beta}_s$ 线性表示，则（　　）.

(A) 若 $r<s$，向量组Ⅰ必定线性相关

(B) 若 $r>s$，向量组Ⅰ必定线性相关

(C) 若 $r<s$，向量组Ⅱ必定线性相关

(D) 若 $r>s$，向量组Ⅱ必定线性相关

★ 55. 设 $\boldsymbol{\alpha}=(a_1,a_2,a_3)$，$\boldsymbol{\beta}=(b_1,b_2,b_3)$，$\boldsymbol{\gamma}=(c_1,c_2,c_3)$，则三条直线 $a_1x+b_1y+c_1=0$，$a_2x+b_2y+c_2=0$ 以及 $a_3x+b_3y+c_3=0$（其中 $a_i^2+b_i^2\neq 0$，$i=1,2,3$）交于一点的充要条件是（　　）.

(A) $\boldsymbol{\alpha}$，$\boldsymbol{\beta}$，$\boldsymbol{\gamma}$ 线性相关

(B) $\boldsymbol{\alpha}$，$\boldsymbol{\beta}$，$\boldsymbol{\gamma}$ 线性无关

(C) $\boldsymbol{\alpha}$，$\boldsymbol{\beta}$，$\boldsymbol{\gamma}$ 线性相关，且 $\boldsymbol{\alpha}$，$\boldsymbol{\beta}$ 线性无关

(D) $R(\boldsymbol{\alpha},\boldsymbol{\beta},\boldsymbol{\gamma})=R(\boldsymbol{\alpha},\boldsymbol{\beta})$

★ 56. 设 m 行 n 列矩阵 $\boldsymbol{A}$ 的秩为 m（$m<n$），则下面结论不正确的是（　　）.

(A) 方程组 $\boldsymbol{Ax}=\boldsymbol{b}$ 一定有解

(B) $\boldsymbol{A}$ 的任意一个 m 阶子式不等于 0

(C) $\boldsymbol{A}$ 通过初等列变换必定可以化为 $(\boldsymbol{E}_m,\boldsymbol{O})$ 的形式

(D) 若矩阵 $\boldsymbol{B}$ 满足 $\boldsymbol{BA}=\boldsymbol{O}$，则 $\boldsymbol{B}=\boldsymbol{O}$

★ 57. 向量 $\boldsymbol{\alpha}=(-4,2,6)$ 在 $\mathbf{R}^3$ 中基 $\boldsymbol{\alpha}_1=(2,1,0)$，$\boldsymbol{\alpha}_2=(0,1,2)$，$\boldsymbol{\alpha}_3=(-2,1,2)$ 下的坐标（　　）.

(A) $(2,1,-1)^{\mathrm{T}}$　　　　(B) $(-1,2,1)^{\mathrm{T}}$

(C) $(3,2,-1)^{\mathrm{T}}$　　　　(D) $(1,2,1)^{\mathrm{T}}$

★ 58. 设 $\boldsymbol{A}$ 为 $m\times n$ 矩阵，$R(\boldsymbol{A})=n-1$，且 $\boldsymbol{\xi}_1$，$\boldsymbol{\xi}_2$ 是齐次线性方程组 $\boldsymbol{Ax}=\boldsymbol{0}$ 的两个不同的解向量，则 $\boldsymbol{Ax}=\boldsymbol{0}$ 的通解为（　　）.

(A) $k\boldsymbol{\xi}_1$，$k\in\mathbf{R}$　　　　(B) $k(\boldsymbol{\xi}_1+\boldsymbol{\xi}_2)$，$k\in\mathbf{R}$

(C) $k(\boldsymbol{\xi}_1-\boldsymbol{\xi}_2)$，$k\in\mathbf{R}$　　　　(D) 以上都正确

59. 设 3 元非齐次线性方程组 $\boldsymbol{Ax}=\boldsymbol{b}$ 的两个解为 $\boldsymbol{\alpha}=(1,0,2)^{\mathrm{T}}$，$\boldsymbol{\beta}=(1,-1,3)^{\mathrm{T}}$，

$\boldsymbol{A}$ 的秩是 2，则对于任意常数 k，k_1，k_2，方程组 $\boldsymbol{Ax}=\boldsymbol{0}$ 的通解可表为(　　).

(A) $k_1(1, 0, 2)^T+k_2(1, -1, 3)^T$　　(B) $(1, 0, 2)^T+k(1, -1, 3)^T$

(C) $k(0, 1, -1)^T$　　(D) $k(2, -1, 5)^T$

★ 60. 设 $\boldsymbol{A}$ 为 n 阶矩阵，$r(\boldsymbol{A})=n-1$，A_{ij} 是 $|\boldsymbol{A}|$ 的代数余子式，且 $A_{nn}\neq 0$，$\boldsymbol{A}^*$ 为 $\boldsymbol{A}$ 的伴随矩阵. 分析以下命题并确定(　　).

① $|\boldsymbol{A}|=|\boldsymbol{A}^*|=0$；

② $r(\boldsymbol{A}^*)=1$；

③ $k(A_{n1}, A_{n2}, \cdots, A_{nn})^T$ 是齐次线性方程组 $\boldsymbol{Ax}=\boldsymbol{0}$ 的通解，k 是任意常数；

④ $\boldsymbol{A}$ 的前 $n-1$ 个列向量是齐次线性方程组 $\boldsymbol{A}^*\boldsymbol{x}=\boldsymbol{0}$ 的一组基础解系.

(A) 只有①正确　　(B) 只有①和②正确

(C) 只有①、②和③正确　　(D) 4 个命题都正确

第五章　MATLAB 解线性代数问题

一、填空题

1. 已知向量 $\boldsymbol{\alpha}=(1\quad 2\quad 3\quad 4)$，$\boldsymbol{\beta}=(7\quad 0\quad 1\quad 0)$，请计算它们的内积. 在 MATLAB 命令窗口中键入：

____

____

____

★ 2. 已知 $\boldsymbol{X}\begin{bmatrix}5 & 3 & 1\\ 1 & -3 & -2\\ -5 & 2 & 1\end{bmatrix}=\begin{bmatrix}-8 & 3 & 0\\ -5 & 9 & 0\\ -2 & 15 & 0\end{bmatrix}$，求矩阵 $\boldsymbol{X}$. 在 MATLAB 命令窗口中键入：

____

____

____

3. 已知 $\boldsymbol{BA}-\boldsymbol{B}=\boldsymbol{A}$，其中 $\boldsymbol{B}=\begin{bmatrix}1 & -2 & 0\\ 2 & 1 & 0\\ 0 & 0 & 2\end{bmatrix}$，求矩阵 $\boldsymbol{A}$. 在 MATLAB 命令窗口中键入：

____

____

____

4. 已知 $\boldsymbol{A}=\begin{bmatrix}1 & 2 & 3 & 4 & 5\\ 2 & 3 & 4 & 5 & 1\\ 3 & 4 & 5 & 1 & 2\\ 4 & 5 & 1 & 2 & 3\\ 5 & 1 & 2 & 3 & 4\end{bmatrix}$，求 $\boldsymbol{A}^5$，$\boldsymbol{A}^{-1}$. 在 MATLAB 命令窗口中键入：

____

____

____

★ 5. 求非齐次线性方程组 $\begin{cases}-23x_1-13x_2+14x_3+14x_4-7x_5=-104\\-2x_1-2x_2+x_3+6x_4-14x_5=-114\\-4x_1-5x_2-9x_3+2x_4-9x_5=-212\\-4x_1-7x_2+x_3+0x_4+0x_5=-56\\9x_1-x_2+x_3-9x_4+10x_5=120\end{cases}$ 的解. 在 MATLAB 命令窗口中键入：

______

______

______

6. 求矩阵 $\begin{bmatrix}6&3&1&-7&-10\\2&-18&-5&3&15\\-6&0&3&2&-11\\-1&-7&0&0&0\\12&-10&-10&1&10\end{bmatrix}$ 的逆矩阵. 在 MATLAB 命令窗口中键入：

______

______

______

★ 7. 求下列含符号变量的行列式，并对计算结果分解因式(提示：定义符号变量 syms a b c d；分解因式 factor).

(1) $\begin{vmatrix}1-a&a&0&0&0\\-1&1-a&a&0&0\\0&-1&1-a&a&0\\0&0&-1&1-a&a\\0&0&0&-1&1-a\end{vmatrix}$；(2) $\begin{vmatrix}a&b&b&b\\a&b&a&a\\a&a&b&a\\b&b&b&a\end{vmatrix}$；

(3) $\begin{vmatrix}1&1&1&1\\a&b&c&d\\a^2&b^2&c^2&d^2\\a^4&b^4&c^4&d^4\end{vmatrix}$.

(1) 在 MATLAB 命令窗口中键入：

______

______

______

(2) 在 MATLAB 命令窗口中键入：

____

____

____

(3) 在 MATLAB 命令窗口中键入：

____

____

____

★ 8. 求下列向量组的一个最大无关组，并把其余向量用此最大无关组线性表示.

$$\boldsymbol{\alpha}_1=\begin{bmatrix}2\\1\\6\\5\\6\end{bmatrix},\boldsymbol{\alpha}_2=\begin{bmatrix}6\\3\\18\\15\\18\end{bmatrix},\boldsymbol{\alpha}_3=\begin{bmatrix}0\\3\\-2\\13\\0\end{bmatrix},\boldsymbol{\alpha}_4=\begin{bmatrix}-4\\1\\-14\\3\\-12\end{bmatrix},\boldsymbol{\alpha}_5=\begin{bmatrix}2\\8\\10\\6\\6\end{bmatrix},\boldsymbol{\alpha}_6=\begin{bmatrix}0\\-1\\-8\\25\\0\end{bmatrix}$$

在 MATLAB 命令窗口中键入：

____

____

____

★ 9. 求非齐次线性方程组 $\begin{cases}6x_1+3x_2+2x_3+3x_4+4x_5=5\\4x_1+2x_2+x_3+2x_4+3x_5=4\\4x_1+2x_2+3x_3+2x_4+x_5=0\\2x_1+x_2+7x_3+3x_4+2x_5=1\end{cases}$ 的通解. 在 MATLAB 命令窗口中键入：

____

____

____

★ 10. 已知齐次线性方程组：$\begin{cases}(2-k)x_1+2x_2+4x_3+4x_4=0\\2x_1+(3-k)x_2-x_3+0x_4=0\\-3x_1+2x_2+(5-k)x_3+4x_4=0\\0x_1+x_2+7x_3+(8-2k)x_4=0\end{cases}$，当 k 取何值时方程组有非零解？在有非零解的情况下，求出其基础解系. 在 MATLAB 命令窗口中键入：

11. 已知矩阵 $\boldsymbol{A}=\begin{bmatrix}-1 & 10 & -2\\-1 & 2 & 1\\-2 & 10 & -1\end{bmatrix}$，求下列矩阵的特征值和特征向量：

(1) $\boldsymbol{A}$；(2) $5\boldsymbol{A}^3-2\boldsymbol{A}^2+3\boldsymbol{E}$；(3) $2\boldsymbol{E}-3\boldsymbol{A}^{-1}$.

(1) 在 MATLAB 命令窗口中键入：

(2) 在 MATLAB 命令窗口中键入：

(3) 在 MATLAB 命令窗口中键入：

12. 把下面向量组正交化：

$$\boldsymbol{\alpha}_1=\begin{bmatrix}1\\0\\-1\\1\end{bmatrix},\ \boldsymbol{\alpha}_2=\begin{bmatrix}1\\-1\\0\\1\end{bmatrix},\ \boldsymbol{\alpha}_3=\begin{bmatrix}-1\\1\\1\\0\end{bmatrix}$$

在 MATLAB 命令窗口中键入：

★ 13. 判断下列矩阵，是否可以对角化，若能对角化，请找可逆矩阵 $\boldsymbol{V}$，使 $\boldsymbol{V}^{-1}\boldsymbol{A}\boldsymbol{V}=\boldsymbol{D}$，$\boldsymbol{D}$ 为对角矩阵.

(1) $\boldsymbol{A}=\begin{bmatrix}-1 & 0 & -3\\ 1 & 2 & 1\\ 2 & 0 & 4\end{bmatrix}$；

(2) $\boldsymbol{A}=\begin{bmatrix}11 & 0 & 0\\ -1 & -1 & -16\\ -9 & 9 & 23\end{bmatrix}$.

(1) 在 MATLAB 命令窗口中键入：

____

____

____

(2) 在 MATLAB 命令窗口中键入：

____

____

____

14. 用正交变换 $\boldsymbol{x}=\boldsymbol{P}\boldsymbol{y}$ 将以下二次型化为标准形，其中"$k_1k_2k_3$"为自己学号的后三位. 求正交矩阵 $\boldsymbol{P}$ 和对角矩阵 $\boldsymbol{D}$.

$$f(x_1, x_2, x_3)=x_1^2+2x_2^2+3x_3^2+k_1x_1x_2+k_2x_1x_3+k_3x_2x_3$$

在 MATLAB 命令窗口中键入：

____

____

____

15. 判断下列矩阵的正定性：

(1) $\boldsymbol{A}=\begin{bmatrix}-8 & 2 & 3\\ 2 & -8 & 3\\ 3 & 3 & -3\end{bmatrix}$；

(2) $\boldsymbol{B}=\begin{bmatrix}1 & 2 & -2\\ 2 & -2 & 1\\ -2 & 1 & 2\end{bmatrix}$；

(3) $\boldsymbol{C}=\begin{bmatrix}-2 & -1 & -1\\ -1 & -4 & 3\\ -1 & 3 & -4\end{bmatrix}$.

(1) 在 MATLAB 命令窗口中键入：

____

____

____

(2) 在 MATLAB 命令窗口中键入：

____

____

____

(3) 在 MATLAB 命令窗口中键入：

____

____

____

二、选择题(单选)

16. 已知矩阵 $\boldsymbol{A}=\begin{bmatrix}1 & 5 & -3\\ 2 & 0 & 7\\ 3 & 9 & 4\end{bmatrix}$，计算 $\boldsymbol{A}^{100}$.

在 MATLAB 命令窗口中键入(　　)

(A) A=(1, 5, −3; 2, 0, 7; 3, 9, 4); A^100

(B) A=(1; 5; −3, 2; 0; 7, 3; 9; 4); A^100

(C) A=[1　5　−3; 2　0　7 ; 3　9　4]; A^100

(D) A=[1, 5, −3; 2, 0, 7; 3, 9, 4]; A'100

17. 已知可逆矩阵 $\boldsymbol{A}$、$\boldsymbol{B}$、$\boldsymbol{C}$ 满足 $\boldsymbol{AB}=\boldsymbol{C}$，且矩阵 $\boldsymbol{A}$ 和 $\boldsymbol{C}$ 已经赋值，求 $\boldsymbol{B}$.

在 MATLAB 命令窗口中键入 (　　)

(A) B=A^−1C　　(B) B=inv(A)C　　(C) B=A\C　　(D) B=A/C

18. 对矩阵 $\boldsymbol{A}$ 进行初等行变换，把其变为行最简形的命令是(　　).

(A) det(A)　　(B) rref [A]　　(C) rref(A)　　(D) inv(A)

19. 已知 $\boldsymbol{AB}+\boldsymbol{B}=\boldsymbol{C}$，其中 $\boldsymbol{A}=\begin{bmatrix}1 & 2 & 3\\ 2 & 4 & 6\\ 3 & 6 & 9\end{bmatrix}$，$\boldsymbol{C}=\begin{bmatrix}0 & 0 & 7\\ 1 & 2 & 8\\ 4 & 5 & -1\end{bmatrix}$，求 $\boldsymbol{B}$.

在 MATLAB 命令窗口中键入(　　)

(A) A=[1, 2, 3; 2, 4, 6; 3, 6, 9];

C=[0, 0, 7; 1, 2, 8; 4, 5, −1];

B=(A+E)^−1 * C

(B) A=[1　2　3; 2　4　6; 3　6　9];

　C=[0　0　7; 1　2　8; 4　5　-1];

　B=C * inv(A+E)

(C) A=[1, 2, 3; 2, 4, 6; 3, 6, 9];

　C=[0, 0, 7; 1, 2, 8; 4, 5, -1];

　B=C * (A+eye(3))^-1

(D) A=[1　2　3; 2　4　6; 3　6　9];

　C=[0　0　7; 1　2　8; 4　5　-1];

　B=(A+eye(3))^-1 * C

20. 已知 $\boldsymbol{A}=\begin{bmatrix}1 & 2 & 3\\ 2 & 4 & 6\\ 3 & 6 & 9\end{bmatrix}$, $\boldsymbol{B}=\begin{bmatrix}0 & 0 & 7\\ 1 & 2 & 8\\ 4 & 5 & -1\end{bmatrix}$, 计算 $|(\boldsymbol{A}+\boldsymbol{B})\boldsymbol{B}^{\mathrm{T}}|$.

在 MATLAB 命令窗口中键入(　　)

(A) A=[1, 2, 3; 2, 4, 6; 3, 6, 9];

　B=[0, 0, 7; 1, 2, 8; 4, 5, -1];

　det((A+B) * B^T)

(B) A=[1　2　3; 2　4　6; 3　6　9];

　B=[0　0　7; 1　2　8; 4　5　-1];

　det(B′ * (A+B))

(C) A=[1, 2, 3; 2, 4, 6; 3, 6, 9];

　B=[0, 0, 7; 1, 2, 8; 4, 5, -1];

　det((A+B)B′)

(D) A=[1　2　3; 2　4　6; 3　6　9];

　B=[0　0　7; 1　2　8; 4　5　-1];

　det(B^T * (A+B))

21. 求向量空间 $\mathbf{R}^3$ 中向量 $\boldsymbol{\alpha}=\begin{bmatrix}3\\ 2\\ 5\end{bmatrix}$ 在基 $\boldsymbol{\beta}_1=\begin{bmatrix}1\\ 0\\ 0\end{bmatrix}$, $\boldsymbol{\beta}_2=\begin{bmatrix}2\\ 1\\ 0\end{bmatrix}$, $\boldsymbol{\beta}_3=\begin{bmatrix}3\\ 2\\ 1\end{bmatrix}$ 下的坐标.

在 MATLAB 命令窗口中键入(　　)

(A) b1=[1; 0; 0];

　b2=[2; 1; 0];

　b3=[3; 2; 1];

　a=[3; 2; 5];

　B=[b1, b2, b3];

　a * inv(B)

(B) b1=[1; 0; 0];

```
b2=[2; 1; 0];
b3=[3; 2; 1];
a=[3; 2; 5];
B=[b1; b2; b3];
inv(B) * a
```

(C)
```
b1=[1, 0, 0];
b2=[2, 1, 0];
b3=[3, 2, 1];
a=[3, 2, 5];
B=[b1; b2; b3];
B^-1 * a
```

(D)
```
b1=[1; 0; 0];
b2=[2; 1; 0];
b3=[3; 2; 1];
a=[3; 2; 5];
B=[b1, b2, b3];
B^-1 * a
```

22. 已知矩阵 $\boldsymbol{A}$ 为 3 阶可逆矩阵，求线性方程组 $\boldsymbol{Ax}=\boldsymbol{b}$ 的解.

在 MATLAB 命令窗口中键入(　　)

方法 1：A^-1 * b；方法 2：A\b；方法 3：inv(A) * b；方法 4：B=rref([A, b])；x=B(:, 4).

(A) 只有 1 个正确　　(B) 只有 2 个正确

(C) 只有 3 个正确　　(D) 4 个都正确

23. 计算齐次线性方程组 $\boldsymbol{Ax}=\boldsymbol{0}$ 的通解.

在 MATLAB 命令窗口输入(　　)

(A) rref(A, 'r')　　(B) null(A, 'r')

(C) inv(A, 'r')　　(D) eig(A, 'r')

24. 求矩阵 $\boldsymbol{A}$ 的特征值和特征向量，要求：对角矩阵 $\boldsymbol{D}$ 的对角线元素分别为 $\boldsymbol{A}$ 的特征值，矩阵 $\boldsymbol{P}$ 的列向量分别为 $\boldsymbol{A}$ 特征值对应的特征向量.

在 MATLAB 命令窗口中键入(　　)

(A) [D, P]=eig(A)　　(B) [P, D]=eig(A)

(C) (P, D)=eig(A)　　(D) (D, P)=eig(A)

25. 计算 $\boldsymbol{A}^5\boldsymbol{A}^{\mathrm{T}}$.

在 MATLAB 命令窗口中键入(　　)

(A) AAAAAA^T　　(B) A^5A'

(C) A^5＊A^T　　　　　　(D) A^5＊A′

三、应用题

★ 26. 在钢板热传导的研究中，常常用节点温度来描述钢板温度的分布。假设图 1 中钢板已经达到稳态温度分布，上、下、左、右四个边界的温度值如图所示，而 T_1、T_2、T_3、T_4 表示钢板内部四个节点的温度。若忽略垂直于该截面方向的热交换，那么内部某节点的温度值可以近似地等于与它相邻四个节点温度的算术平均值，如 $T_1=(30+40+T_2+T_3)/4$. 请利用 MATLAB 软件计算该钢板 T_1、T_2、T_3、T_4 的温度值.

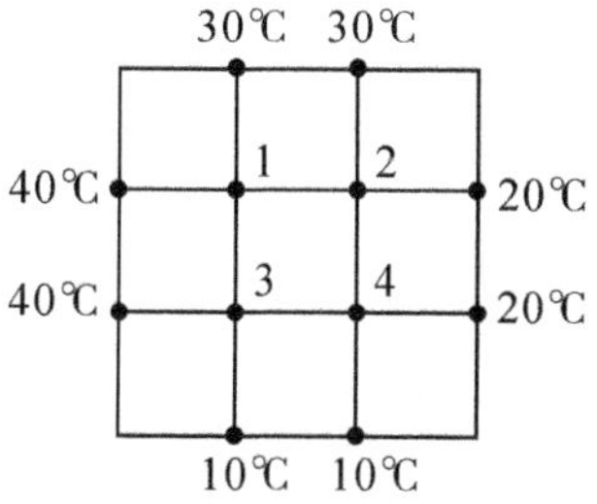

图 1　钢板温度分布

★ 27. 表 1 给出了平面坐标系中六个点的坐标.

表 1 六个点的坐标值

x	0	1	2	3	4	5
y	2	6	0	26	294	1302

请用 MATLAB 软件计算过这六个点的一个五次多项式函数 $p_5(x)=a_0+a_1x+a_2x^2+a_3x^3+a_4x^4+a_5x^5$，并求当 $x=6$ 时的函数值 $p_5(6)$.

★ 28. 李博士培养了一罐细菌，在这个罐子里存放着 A、B、C 三类不同种类的细菌，最开始 A、B、C 三种细菌分别有 10^8、2×10^8、3×10^8 个. 但这些细菌每天都要发生类型转化，转化情况如下：A 类细菌一天后有 5%的变为 B 类细菌、15%的变为 C 类细菌；B 类细菌一天后有 30%的变为 A 类细菌、10%的变为 C 类细菌；C 类细菌一天后有 30%的变为 A 类细菌、20%的变为 B 类细菌。请利用 MATLAB 软件分析：

(1) 一周、二周及三周后李博士的 A、B、C 类细菌各有多少个；

(2) 分析在三周后，李博士的各种细菌的个数几乎不发生变化的原因.

★ 29. 某个混凝土生产企业可以生产出三种不同型号的混凝土，它们的具体配方比例如表 2 所示，请用 MATLAB 软件分析和计算以下问题.

表 2　混凝土的配方

	型号 1 混凝土	型号 2 混凝土	型号 3 混凝土
水	10	10	10
水泥	22	26	18
砂	32	31	29
石子	53	64	50
灰	0	5	8

(1) 能否用 1 号和 2 号混凝土配出 3 号混凝土?

(2) 现在有甲、乙两个用户要求含水、水泥、砂、石子及灰的比例分别为 24，52，73，133，12 和 36，75，100，185，20 的 500 吨混凝土，那么，能否用这三种型号混凝土配出满足甲和乙要求的混凝土? 如果可以，三种混凝土各需要多少吨?

★ 30. 如图 2 所示，请用 MATLAB 软件计算向量 $\boldsymbol{u}=[-1,5,7]^{\mathrm{T}}$，$\boldsymbol{v}=[4,8,0]^{\mathrm{T}}$，$\boldsymbol{w}=[-6,8,1]^{\mathrm{T}}$ 所构成的平行六面体的体积.

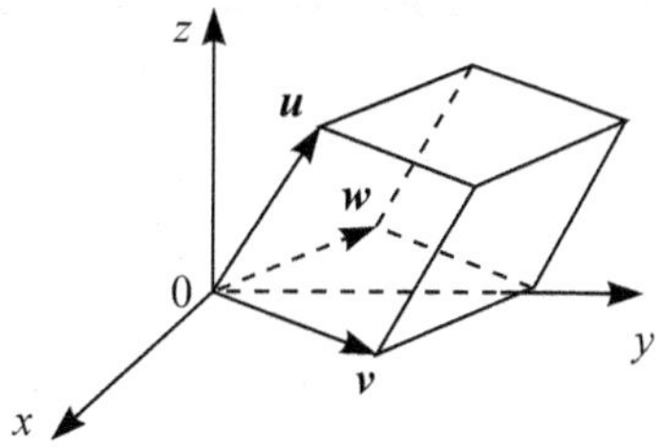

图 2　3 个三维向量所构成的六面体

参考答案

第一章 矩阵及应用

矩阵知识图谱

一、计算和证明题

1. $3\boldsymbol{AB}-2\boldsymbol{A}=\begin{bmatrix}-2 & 13 & 22\\ -2 & -17 & 20\\ 4 & 29 & -2\end{bmatrix}$. $\boldsymbol{A}^{\mathrm{T}}\boldsymbol{B}=\begin{bmatrix}0 & 5 & 8\\ 0 & -5 & 6\\ 2 & 9 & 0\end{bmatrix}$.

2. (1) $\begin{bmatrix}35\\ 6\\ 49\end{bmatrix}$； (2) 10； (3) $\begin{bmatrix}-2 & 4\\ -1 & 2\\ -3 & 6\end{bmatrix}$；

矩阵的乘法

(4) $\begin{bmatrix}6 & -7 & 8\\ 20 & -5 & -6\end{bmatrix}$；

(5) $a_{11}x_1^2+a_{22}x_2^2+a_{33}x_3^2+2a_{12}x_1x_2+2a_{13}x_1x_3+2a_{23}x_2x_3$；

(6) $\begin{bmatrix}1 & 2 & 5 & 2\\ 0 & 1 & 2 & -4\\ 0 & 0 & -4 & 3\\ 0 & 0 & 0 & -9\end{bmatrix}$.

3. (1) $\boldsymbol{AB}\neq\boldsymbol{BA}$；(2) $(\boldsymbol{A}+\boldsymbol{B})^2\neq\boldsymbol{A}^2+2\boldsymbol{AB}+\boldsymbol{B}^2$；(3) $(\boldsymbol{A}+\boldsymbol{B})(\boldsymbol{A}-\boldsymbol{B})\neq\boldsymbol{A}^2-\boldsymbol{B}^2$.

4. $\boldsymbol{A}^2=\begin{bmatrix}1 & 0\\ \lambda & 1\end{bmatrix}\begin{bmatrix}1 & 0\\ \lambda & 1\end{bmatrix}=\begin{bmatrix}1 & 0\\ 2\lambda & 1\end{bmatrix}$, $\boldsymbol{A}^3=\boldsymbol{A}^2\boldsymbol{A}=\begin{bmatrix}1 & 0\\ 2\lambda & 1\end{bmatrix}\begin{bmatrix}1 & 0\\ \lambda & 1\end{bmatrix}=\begin{bmatrix}1 & 0\\ 3\lambda & 1\end{bmatrix}$

下面利用数学归纳法证明：$\boldsymbol{A}^k=\begin{bmatrix}1&0\\k\lambda&1\end{bmatrix}$.

当 $k=1$ 时，显然成立，假设 k 时成立，则 $k+1$ 时，有

$$\boldsymbol{A}^{k+1}=\boldsymbol{A}^k\boldsymbol{A}=\begin{bmatrix}1&0\\k\lambda&1\end{bmatrix}\begin{bmatrix}1&0\\\lambda&1\end{bmatrix}=\begin{bmatrix}1&0\\(k+1)\lambda&1\end{bmatrix}$$

由数学归纳法原理知：$\boldsymbol{A}^k=\begin{bmatrix}1&0\\k\lambda&1\end{bmatrix}$.

5. (1) $\boldsymbol{A}^n=\begin{bmatrix}1\\2\\3\end{bmatrix}\begin{bmatrix}3&-2&1\end{bmatrix}\cdots\begin{bmatrix}1\\2\\3\end{bmatrix}\begin{bmatrix}3&-2&1\end{bmatrix}$

$$=\begin{bmatrix}1\\2\\3\end{bmatrix}(2)^{n-1}\begin{bmatrix}3&-2&1\end{bmatrix}=2^{n-1}\boldsymbol{A};$$

1-5(1)

(2) $\begin{bmatrix}\lambda_1&&&\\&\lambda_2&&\\&&\ddots&\\&&&\lambda_n\end{bmatrix}^n=\begin{bmatrix}\lambda_1^n&&&\\&\lambda_2^n&&\\&&\ddots&\\&&&\lambda_n^n\end{bmatrix}$.

6. (1) $\boldsymbol{A}^{-1}=\begin{bmatrix}\dfrac{d}{ad-bc}&-\dfrac{b}{ad-bc}\\-\dfrac{c}{ad-bc}&\dfrac{a}{ad-bc}\end{bmatrix}$;

矩阵的逆

用初等行变换求矩阵的逆

(2) $\boldsymbol{A}^{-1}=\dfrac{1}{6}\begin{bmatrix}5&2&1\\-10&2&-2\\1&-2&-1\end{bmatrix}$;

(3) $\boldsymbol{A}^{-1}=\begin{bmatrix}1&-2&7\\0&1&-2\\0&0&1\end{bmatrix}$; (4) $\boldsymbol{A}^{-1}=\begin{bmatrix}\lambda_1^{-1}&&&\\&\lambda_2^{-1}&&\\&&\lambda_3^{-1}&\\&&&\lambda_4^{-1}\end{bmatrix}$;

(5) $\boldsymbol{A}^{-1}=\dfrac{1}{4}\begin{bmatrix}1&1&1&1\\1&1&-1&-1\\1&-1&1&-1\\1&-1&-1&1\end{bmatrix}$; (6) $\boldsymbol{A}^{-1}=\begin{bmatrix}1&&&&\\-1&1&&&\\&-1&1&&\\&&\ddots&\ddots&\\&&&-1&1\end{bmatrix}$.

7. $(\boldsymbol{A} \vdots \boldsymbol{b})=\begin{bmatrix}1&2&3&1\\2&2&5&2\\3&5&1&3\end{bmatrix}\rightarrow\begin{bmatrix}1&0&0&1\\0&1&0&0\\0&0&1&0\end{bmatrix}$，$\boldsymbol{x}=\begin{bmatrix}1\\0\\0\end{bmatrix}$.

8. (1) $\boldsymbol{X}=\begin{bmatrix}2&-23\\0&8\end{bmatrix}$； (2) $\boldsymbol{X}=\begin{bmatrix}-2&2&1\\-\dfrac{8}{3}&5&-\dfrac{2}{3}\end{bmatrix}$；

(3) $\boldsymbol{X}=\begin{bmatrix}1&1\\\dfrac{1}{4}&0\end{bmatrix}$； (4) $\boldsymbol{X}=\begin{bmatrix}2&-1&0\\1&3&-4\\1&0&-2\end{bmatrix}$.

1-8

9. (1) $\begin{cases}x_1=1\\x_2=0\\x_3=0\end{cases}$； (2) $\begin{cases}x_1=5\\x_2=0\\x_3=3\end{cases}$.

10. (1) $\begin{bmatrix}\boldsymbol{O}&\boldsymbol{A}\\\boldsymbol{B}&\boldsymbol{O}\end{bmatrix}^{-1}=\begin{bmatrix}\boldsymbol{O}&\boldsymbol{B}^{-1}\\\boldsymbol{A}^{-1}&\boldsymbol{O}\end{bmatrix}$；

(2) $\boldsymbol{A}^{-1}=\begin{bmatrix}0&0&0&\cdots&0&a_n^{-1}\\a_1^{-1}&0&0&\cdots&0&0\\0&a_2^{-1}&0&\cdots&0&0\\\vdots&\vdots&\vdots&&\vdots&\vdots\\0&0&0&\cdots&a_{n-1}^{-1}&0\end{bmatrix}$.

1-10

11. 已知 $\boldsymbol{P}^{-1}\boldsymbol{AP}=\boldsymbol{\Lambda}$，故 $\boldsymbol{A}=\boldsymbol{P\Lambda P}^{-1}$，所以 $\boldsymbol{A}^{11}=\boldsymbol{P\Lambda}^{11}\boldsymbol{P}^{-1}$.

$\boldsymbol{P}^{-1}=\dfrac{1}{3}\begin{bmatrix}1&4\\-1&-1\end{bmatrix}$，而 $\boldsymbol{\Lambda}^{11}=\begin{bmatrix}-1&0\\0&2\end{bmatrix}^{11}=\begin{bmatrix}-1&0\\0&2^{11}\end{bmatrix}$

故

$$\boldsymbol{A}^{11}=\begin{bmatrix}-1&-4\\1&1\end{bmatrix}\begin{bmatrix}-1&0\\0&2^{11}\end{bmatrix}\begin{bmatrix}\dfrac{1}{3}&\dfrac{4}{3}\\-\dfrac{1}{3}&-\dfrac{1}{3}\end{bmatrix}$$

$$=\begin{bmatrix}2731&2732\\-683&-684\end{bmatrix}$$

1-11

12. $\boldsymbol{A}=(\boldsymbol{B}-\boldsymbol{E})^{-1}=\begin{bmatrix}0&-3&0\\2&0&0\\0&0&1\end{bmatrix}^{-1}=\begin{bmatrix}0&2^{-1}&0\\-3^{-1}&0&0\\0&0&1\end{bmatrix}$.

13. 已知 $\boldsymbol{A}^{\mathrm{T}}=\boldsymbol{A}$，则

$$(\boldsymbol{B}^{\mathrm{T}}\boldsymbol{AB})^{\mathrm{T}}=\boldsymbol{B}^{\mathrm{T}}(\boldsymbol{B}^{\mathrm{T}}\boldsymbol{A})^{\mathrm{T}}=\boldsymbol{B}^{\mathrm{T}}\boldsymbol{A}^{\mathrm{T}}\boldsymbol{B}=\boldsymbol{B}^{\mathrm{T}}\boldsymbol{AB}$$

1-12

14. 已知 $\boldsymbol{A}^{\mathrm{T}}=\boldsymbol{A}$，$\boldsymbol{B}^{\mathrm{T}}=\boldsymbol{B}$，证明：

充分性：

$$\boldsymbol{AB}=\boldsymbol{BA}\Rightarrow\boldsymbol{AB}=\boldsymbol{B}^{\mathrm{T}}\boldsymbol{A}^{\mathrm{T}}\Rightarrow\boldsymbol{AB}=(\boldsymbol{AB})^{\mathrm{T}}$$

即 $\boldsymbol{AB}$ 是对称矩阵.

必要性：

$$(AB)^{\mathrm{T}}=AB\Rightarrow B^{\mathrm{T}}A^{\mathrm{T}}=AB\Rightarrow BA=AB$$

15. (1) 因为 $\begin{bmatrix}\lambda&1&0\\0&\lambda&1\\0&0&\lambda\end{bmatrix}=\lambda E+\begin{bmatrix}0&1&0\\0&0&1\\0&0&0\end{bmatrix}$，$\begin{bmatrix}0&1&0\\0&0&1\\0&0&0\end{bmatrix}^2=\begin{bmatrix}0&0&1\\0&0&0\\0&0&0\end{bmatrix}$

所以

$$\begin{bmatrix}\lambda&1&0\\0&\lambda&1\\0&0&\lambda\end{bmatrix}^n=(\lambda E)^n+C_n^1(\lambda E)^{n-1}\begin{bmatrix}0&1&0\\0&0&1\\0&0&0\end{bmatrix}+C_n^2(\lambda E)^{n-2}\begin{bmatrix}0&1&0\\0&0&1\\0&0&0\end{bmatrix}^2$$

$$=(\lambda)^nE+C_n^1(\lambda)^{n-1}E\begin{bmatrix}0&1&0\\0&0&1\\0&0&0\end{bmatrix}+C_n^2(\lambda)^{n-2}E\begin{bmatrix}0&0&1\\0&0&0\\0&0&0\end{bmatrix}$$

1-15(1)

$$=\begin{bmatrix}\lambda^n&C_n^1\lambda^{n-1}&C_n^2\lambda^{n-2}\\0&\lambda^n&C_n^1\lambda^{n-1}\\0&0&\lambda^n\end{bmatrix}$$

(2) 因为 $\begin{bmatrix}2&1&1\\1&2&1\\1&1&2\end{bmatrix}=E+\begin{bmatrix}1&1&1\\1&1&1\\1&1&1\end{bmatrix}=E+\begin{bmatrix}1\\1\\1\end{bmatrix}\begin{bmatrix}1&1&1\end{bmatrix}$

又因为 $\left[\begin{bmatrix}1&1&1\\1&1&1\\1&1&1\end{bmatrix}\right]^n=\left[\begin{bmatrix}1\\1\\1\end{bmatrix}\begin{bmatrix}1&1&1\end{bmatrix}\right]^n=3^{n-1}\cdot\begin{bmatrix}1&1&1\\1&1&1\\1&1&1\end{bmatrix}\quad(n\geqslant 1)$

1-15(2)

所以

$$\begin{bmatrix}2&1&1\\1&2&1\\1&1&2\end{bmatrix}^n=\left[E+\begin{bmatrix}1&1&1\\1&1&1\\1&1&1\end{bmatrix}\right]^n=E+\sum_{k=1}^{n}C_n^kE^{n-k}\begin{bmatrix}1&1&1\\1&1&1\\1&1&1\end{bmatrix}^k$$

$$=E+\sum_{k=1}^{n}C_n^k3^{k-1}\begin{bmatrix}1&1&1\\1&1&1\\1&1&1\end{bmatrix}=E+\frac{1}{3}\left(\sum_{k=0}^{n}C_n^k3^k-1\right)\begin{bmatrix}1&1&1\\1&1&1\\1&1&1\end{bmatrix}$$

$$=E+\frac{1}{3}(4^n-1)\begin{bmatrix}1&1&1\\1&1&1\\1&1&1\end{bmatrix}$$

16. (1) $(A^2)^{\mathrm{T}}=A^{\mathrm{T}}A^{\mathrm{T}}=A^2$，$(B^2)^{\mathrm{T}}=B^{\mathrm{T}}B^{\mathrm{T}}=B^2$

(2) $(AB-BA)^{\mathrm{T}}=B^{\mathrm{T}}A^{\mathrm{T}}-A^{\mathrm{T}}B^{\mathrm{T}}=-BA+AB$

$(AB+BA)^{\mathrm{T}}=B^{\mathrm{T}}A^{\mathrm{T}}+A^{\mathrm{T}}B^{\mathrm{T}}=-BA-AB=-(AB+BA)$

17. 设 $C=A+A^{\mathrm{T}}$，则 C 为对称矩阵；

设 $B=A-A^{\mathrm{T}}$，则 B 为反对称矩阵，而 $A=B+C$.

18. $A(A+B)^{-1}B=(B^{-1}(A+B)A^{-1})^{-1}=(B^{-1}+A^{-1})^{-1}$

$$=(A^{-1}(A+B)B^{-1})^{-1}=B(A+B)^{-1}A$$

1-16　1-18　矩阵各种运算规律的归纳　1-19

19. (1) 因为

$$A(A^2+2A+E)=E$$
$$(A^2+2A+E)A=E$$

所以

$$A^{-1}=A^2+2A+E=(A+E)^2$$

(2) 因为

$$(A-2E)(A+E)=2E$$
$$(A+E)(A-2E)=2E$$

所以

$$(A+E)^{-1}=\frac{1}{2}(A-2E)$$

20. 因为

$$(E-A)(E+A+A^2+\cdots+A^{m-1})=E-A^m=E$$
$$(E+A+A^2+\cdots+A^{m-1})(E-A)=E-A^m=E$$

所以

$$(E-A)^{-1}=E+A+A^2+\cdots+A^{m-1}$$

1-20

21. (1) $(E-\alpha\alpha^{\mathrm{T}})^2=E-2\alpha\alpha^{\mathrm{T}}+\alpha^{\mathrm{T}}\alpha\alpha\alpha^{\mathrm{T}}$

$$=E-(2-\alpha^{\mathrm{T}}\alpha)\alpha\alpha^{\mathrm{T}}$$

$$A^2=A\Leftrightarrow 2-\alpha^{\mathrm{T}}\alpha=1\Leftrightarrow\alpha^{\mathrm{T}}\alpha=1$$

(2) 因为 $A^2=A$，若 A 可逆，在等式两边左乘 A^{-1}，得 $A=E$，即 $\alpha\alpha^{\mathrm{T}}=O$. 这与 α 为 n 维非零列向量矛盾，所以假设不成立.

22. 因为 $AB=A(\beta_1,\beta_2,\cdots,\beta_s)=(A\beta_1,A\beta_2,\cdots,A\beta_s)=O$，所以 $A\beta_i=0(i=1,2,\cdots,s)$，$B$ 的每一列都是齐次线性方程组 $Ax=0$ 的解.

若 $A\beta_i=0(i=1,2,\cdots,s)$，则 $AB=A(\beta_1,\beta_2,\cdots,\beta_s)=O$.

1-21　1-22　用矩阵等式描述线性代数语言

23. 用初等行变换把矩阵化为行阶梯矩阵，观察非零行数即为秩.

(1) 2;

(2) 2;

(3) 1.

1-23

24. 把方程组系数矩阵化为行最简形：

$$\begin{bmatrix}1 & -2 & 3 & -4\\0 & 1 & -1 & 1\\1 & 3 & 0 & -3\\1 & -4 & 3 & -2\end{bmatrix}\to\cdots\to\begin{bmatrix}1 & 0 & 0 & 0\\0 & 1 & 0 & -1\\0 & 0 & 1 & -2\\0 & 0 & 0 & 0\end{bmatrix}$$

1-24

选 x_4 为自由变量，当 $x_4=k$ 时，通解为 $k\begin{bmatrix}0\\1\\2\\1\end{bmatrix}$，$k\in\mathbf{R}$.

25. 把方程组系数矩阵化为行最简形：

$$\begin{bmatrix}1 & 1 & 1 & 1\\2 & 1 & -3 & 5\end{bmatrix}\to\cdots\to\begin{bmatrix}1 & 0 & -4 & 4\\0 & 1 & 5 & -3\end{bmatrix}$$

选 x_3，x_4 为自由变量，当 $\begin{cases}x_3=k_1\\x_4=k_2\end{cases}$ 时，通解为

$$\begin{cases}x_3=4k_1-4k_2\\x_3=-5k_1+3k_2\\x_3=k_1\\x_4=k_2\end{cases}$$

1-25

也可以写成向量和的形式：

$$\begin{bmatrix}x_1\\x_2\\x_3\\x_4\end{bmatrix}=k_1\begin{bmatrix}4\\-5\\1\\0\end{bmatrix}+k_2\begin{bmatrix}-4\\3\\0\\1\end{bmatrix}\quad(k_1,k_2\in\mathbf{R})$$

26. 把方程组增广矩阵化为行最简形：

$$\begin{bmatrix}1 & 1 & -1 & -1 & 1\\2 & 1 & 1 & 1 & 4\\4 & 3 & -1 & -1 & 6\\1 & 2 & -4 & -4 & -1\end{bmatrix}\to\cdots\to\begin{bmatrix}1 & 0 & 2 & 2 & 3\\0 & 1 & -3 & -3 & -2\\0 & 0 & 0 & 0 & 0\\0 & 0 & 0 & 0 & 0\end{bmatrix}$$

1-26

先分析对应齐次方程组 $Ax=0$ 的通解为

$$k_1\begin{bmatrix}-2\\3\\1\\0\end{bmatrix}+k_2\begin{bmatrix}-2\\3\\0\\1\end{bmatrix},\quad(k_1,k_2\in\mathbf{R})$$

再写出非齐次方程组 $\boldsymbol{Ax}=\boldsymbol{b}$ 的一个特解，取

$$\begin{cases}x_3=0\\x_4=0\end{cases}$$

则有 $\begin{bmatrix}3\\-2\\0\\0\end{bmatrix}$，故方程组通解为

$$k_1\begin{bmatrix}-2\\3\\1\\0\end{bmatrix}+k_2\begin{bmatrix}-2\\3\\0\\1\end{bmatrix}+\begin{bmatrix}3\\-2\\0\\0\end{bmatrix}\quad (k_1, k_2 \in \mathbf{R})$$

27. 因为所求的公共解，即为联立方程组

$$\begin{cases}x_1+x_2+x_3=0\\x_1+2x_2+ax_3=0\\x_1+4x_2+a^2x_3=0\\x_1+2x_2+x_3=a-1\end{cases}$$

的解.

对方程组增广矩阵施以初等行变换，有

$$\widetilde{\mathbf{A}}=\begin{bmatrix}1&1&1&0\\1&2&a&0\\1&4&a^2&0\\1&2&1&a-1\end{bmatrix}\rightarrow\left[\begin{array}{ccc|c}1&0&1&1-a\\0&1&0&a-1\\0&0&a-1&1-a\\0&0&0&(a-1)(a-2)\end{array}\right]=\boldsymbol{B}$$

由于方程组有解，故系数矩阵的秩等于增广矩阵的秩，于是 $(a-1)(a-2)=0$ ，即 $a=1$ 或 $a=2$.

当 $a=1$ 时，有

$$\boldsymbol{B}=\left[\begin{array}{ccc|c}1&0&1&0\\0&1&0&0\\0&0&0&0\\0&0&0&0\end{array}\right]$$

因此，公共解为 $\boldsymbol{x}=k(-1, 0, 1)^{\mathrm{T}}$ ，$k\in\mathbf{R}$.

当 $a=2$ 时，有

$$\boldsymbol{B}=\left[\begin{array}{ccc|c}1&0&1&-1\\0&1&0&1\\0&0&1&-1\\0&0&0&0\end{array}\right]\rightarrow\left[\begin{array}{ccc|c}1&0&0&0\\0&1&0&1\\0&0&1&-1\\0&0&0&0\end{array}\right]$$

因此，公共解为 $\boldsymbol{x}=(0, 1, -1)^{\mathrm{T}}$.

28. 对方程组的增广矩阵作初等行变换

1-28

$$\widetilde{\mathbf{A}}=\begin{bmatrix}\lambda&1&1&4\\1&\mu&1&3\\1&2\mu&1&4\end{bmatrix}\longrightarrow\begin{bmatrix}1&\mu&1&3\\0&\mu&0&1\\0&1-\lambda\mu&1-\lambda&4-3\lambda\end{bmatrix}$$

$$\longrightarrow\begin{bmatrix}1&\mu&1&3\\0&1&1-\lambda&4-2\lambda\\0&0&(\lambda-1)\mu&1-4\mu+2\lambda\mu\end{bmatrix}$$

所以，(1) 当 $(\lambda-1)\mu\neq 0$ ，即 $\lambda\neq 1$ 且 $\mu\neq 0$ 时，$R(\mathbf{A})=R(\widetilde{\mathbf{A}})=3$ ，方程组有唯一解.

(2) 当 $(\lambda-1)\mu=0$ 且 $1-4\mu+2\lambda\mu\neq 0$，即 $\lambda=1$ 且 $\mu\neq 1/2$ 或 $\mu=0$ 时，$R(\boldsymbol{A})=2R(\widetilde{\boldsymbol{A}})=3$，所以方程组无解.

(3) 当 $\lambda=1$ 且 $\mu=1/2$ 时，原方程组的同解方程组为

$$\begin{cases} x_1+x_3=2 \\ x_2=2 \end{cases}$$

于是，方程组的通解为

$$x=\begin{bmatrix}2\\2\\0\end{bmatrix}+k\begin{bmatrix}-1\\0\\1\end{bmatrix}\quad (k\in\mathbf{R})$$

二、填空题

29. $\begin{bmatrix}-4 & -12 & -3\\ 4 & 7 & 2\\ -1 & -2 & -1\end{bmatrix}$

30. $\begin{bmatrix}3 & 3 & 7\\ -1 & -3 & 7\end{bmatrix}$

31. s，n

32. 不可逆

33. $\begin{bmatrix}0 & \frac{1}{2}\\ -1 & -1\end{bmatrix}$

34. $-\frac{1}{3}(\boldsymbol{A}+2\boldsymbol{E})$

35. $\begin{bmatrix}-2 & 0 & 1\\ 0 & -1 & 0\\ 0 & 0 & -2\end{bmatrix}$

36. $\begin{bmatrix}1 & -1 & 0 & 0\\ -1 & 2 & 0 & 0\\ 19 & -30 & 3 & -5\\ -7 & 11 & -1 & 2\end{bmatrix}$

37. $\frac{1}{5}$

38. $\begin{bmatrix}3 & 4\\ 1 & 2\end{bmatrix}$

39. $\begin{bmatrix}a^2-3a+5 & 0\\ 0 & b^2-3b+5\end{bmatrix}$

40. $\begin{bmatrix}-3 & 4 & 2\\ 5 & -1 & 1\\ 0 & 1 & 6\end{bmatrix}$

1-37

1-38

41. $\begin{bmatrix} 1/3 & 1/6 & 1/9 \\ 2/3 & 1/3 & 2/9 \\ 1 & 1/2 & 1/3 \end{bmatrix}$

42. $\begin{bmatrix} 3 & 1 \\ -6 & -2 \end{bmatrix}$

43. $\begin{bmatrix} 1/5 & 0 & 0 \\ 0 & -1/2 & 3/2 \\ 0 & 1 & -2 \end{bmatrix}$

44. $\begin{bmatrix} 18 & 10 & 3 \\ 8 & 3 & 2 \end{bmatrix}$

45. (1) $\leqslant 1$；(2) $\leqslant 2$

46. $k=-6$　　47. $t=-3$　　48. n

1-45　1-46　1-47　1-48

三、选择题

49. (C)　50. (D)　51. (C)　52. (D)　53. (D)　54. (C)　55. (C)　56. (B)
57. (B)　58. (D)　59. (B)　60. (B)　61. (D)　62. (D)　63. (B)　64. (B)
65. (D)　66. (C)　67 . (B)

1-49　1-53　1-58　1-61　1-62

1-63　1-64　1-67

第三章　n 维向量与向量空间

n 维向量与向量空间图谱

一、计算和证明题

1. 因为 $6\boldsymbol{\alpha}+9\boldsymbol{\beta}=(18,18,30,84)^{\mathrm{T}}$，$6\boldsymbol{\alpha}+10\boldsymbol{\beta}=(18,6,4,24)^{\mathrm{T}}$，所以 $\boldsymbol{\beta}=(0,-12,-26,-60)^{\mathrm{T}}$.

2. $\boldsymbol{\gamma}=2\boldsymbol{\alpha}_1+3\boldsymbol{\alpha}_2+4\boldsymbol{\alpha}_3=2(2\boldsymbol{\beta}_1-\boldsymbol{\beta}_2)+3(\boldsymbol{\beta}_1+2\boldsymbol{\beta}_2)+4(3\boldsymbol{\beta}_1-2\boldsymbol{\beta}_2)=19\boldsymbol{\beta}_1-4\boldsymbol{\beta}_2$

3. $$[\boldsymbol{\beta}_1\quad\boldsymbol{\beta}_2\quad\boldsymbol{\beta}_3\quad\boldsymbol{\beta}_4]=[\boldsymbol{\alpha}_1\quad\boldsymbol{\alpha}_2\quad\boldsymbol{\alpha}_3\quad\boldsymbol{\alpha}_4]\begin{bmatrix}1&1&1&1\\1&2&4&8\\1&3&9&27\\1&4&16&64\end{bmatrix}$$

记为 $\boldsymbol{B}=\boldsymbol{AC}$.

由范德蒙行列式可知，$R(\boldsymbol{C})=4$. 因为 $R(\boldsymbol{A})=4$，所以 $R(\boldsymbol{B})=4$，故题述向量组线性无关.

3-3

4. $\boldsymbol{A}=(\boldsymbol{\beta}_1,\boldsymbol{\beta}_2,\boldsymbol{\beta}_3)$

$$=\begin{bmatrix}1&0&2\\2&1&1\\3&2&0\\1&-2&8\end{bmatrix}\rightarrow\begin{bmatrix}1&0&2\\0&1&-3\\0&0&0\\0&0&0\end{bmatrix}$$

所以 $R(\boldsymbol{\beta}_1,\boldsymbol{\beta}_2,\boldsymbol{\beta}_3)=2$，极大无关组为 $\boldsymbol{\beta}_1,\boldsymbol{\beta}_2$ 或 $\boldsymbol{\beta}_1,\boldsymbol{\beta}_3$ 或 $\boldsymbol{\beta}_2,\boldsymbol{\beta}_3$.

3-4

5. 充分性：已知任何 n 维向量都可以由向量组 $\boldsymbol{\alpha}_1,\boldsymbol{\alpha}_2,\cdots,\boldsymbol{\alpha}_n$ 线性表示，则 n 维基本单位向量组 $\boldsymbol{\varepsilon}_1,\boldsymbol{\varepsilon}_2,\cdots,\boldsymbol{\varepsilon}_n$ 可由 $\boldsymbol{\alpha}_1,\boldsymbol{\alpha}_2,\cdots,\boldsymbol{\alpha}_n$ 线性表示，所以向量组 $\boldsymbol{\varepsilon}_1,\boldsymbol{\varepsilon}_2,\cdots,\boldsymbol{\varepsilon}_n$ 与向量组 $\boldsymbol{\alpha}_1,\boldsymbol{\alpha}_2,\cdots,\boldsymbol{\alpha}_n$ 等价. 故向量组 $\boldsymbol{\alpha}_1,\boldsymbol{\alpha}_2,\cdots,\boldsymbol{\alpha}_n$ 线性无关.

3-5

必要性：已知 n 维向量组 $\boldsymbol{\alpha}_1,\boldsymbol{\alpha}_2,\cdots,\boldsymbol{\alpha}_n$ 线性无关，所以 $\boldsymbol{\alpha}_1,\boldsymbol{\alpha}_2,\cdots,\boldsymbol{\alpha}_n$ 构成 n 维向量空间的一组基. 因此任何 n 维向量都可以由向量组 $\boldsymbol{\alpha}_1,\boldsymbol{\alpha}_2,\cdots,\boldsymbol{\alpha}_n$ 线性表示.

6. 假设矩阵 $\boldsymbol{A}=(\boldsymbol{\alpha}_1,\boldsymbol{\alpha}_2,\cdots,\boldsymbol{\alpha}_n)$

$$\boldsymbol{B}=(\boldsymbol{\beta}_1,\boldsymbol{\beta}_2,\cdots,\boldsymbol{\beta}_n)$$
$$\boldsymbol{C}=(\boldsymbol{\alpha}_1,\boldsymbol{\alpha}_2,\cdots,\boldsymbol{\alpha}_n,\boldsymbol{\beta}_1,\boldsymbol{\beta}_2,\cdots,\boldsymbol{\beta}_n)$$
$$\boldsymbol{D}=(\boldsymbol{\alpha}_1+\boldsymbol{\beta}_1,\boldsymbol{\alpha}_2+\boldsymbol{\beta}_2,\cdots,\boldsymbol{\alpha}_n+\boldsymbol{\beta}_n)$$

根据矩阵秩的性质可得：$\max\{R(\boldsymbol{A}),R(\boldsymbol{B})\}\leqslant R(\boldsymbol{A},\boldsymbol{B})\leqslant R(\boldsymbol{A})+R(\boldsymbol{B})$，于是(1)、(2)得证.

根据矩阵秩的性质可得 $R(\boldsymbol{A}+\boldsymbol{B})\leqslant R(\boldsymbol{A},\boldsymbol{B})$，于是(3)得证.

7. (1) $R(\boldsymbol{A})=R(\boldsymbol{\alpha}\boldsymbol{\alpha}^{\mathrm{T}}+\boldsymbol{\beta}\boldsymbol{\beta}^{\mathrm{T}})\leqslant R(\boldsymbol{\alpha}\boldsymbol{\alpha}^{\mathrm{T}})+R(\boldsymbol{\beta}\boldsymbol{\beta}^{\mathrm{T}})\leqslant 2\boldsymbol{\alpha}$.

(2) 若 $\boldsymbol{\alpha},\boldsymbol{\beta}$ 线性相关，则存在不全为零的数 k_1，k_2，使得 $k_1\boldsymbol{\alpha}+k_2\boldsymbol{\beta}=\boldsymbol{0}$. 不妨假设 $k_2\neq 0$，则 $\boldsymbol{\alpha}=-\left(\frac{k_1}{k_2}\right)\boldsymbol{\beta}\triangleq k\boldsymbol{\beta}$. 于是

$$R(\boldsymbol{A})=R(\boldsymbol{\alpha}\boldsymbol{\alpha}^{\mathrm{T}}+\boldsymbol{\beta}\boldsymbol{\beta}^{\mathrm{T}})=R((1+k^2)\boldsymbol{\beta}\boldsymbol{\beta}^{\mathrm{T}})=R(\boldsymbol{\beta}\boldsymbol{\beta}^{\mathrm{T}})<2$$

3-7

8. 因为 $\boldsymbol{\alpha}_1,\boldsymbol{\alpha}_2,\boldsymbol{\alpha}_3$ 线性无关；所以 $\boldsymbol{\alpha}_1,\boldsymbol{\alpha}_2$ 线性无关. 又因为 $\boldsymbol{\alpha}_1,\boldsymbol{\alpha}_2,\boldsymbol{\beta}$ 线性相关，所以 $\boldsymbol{\beta}$ 可由 $\boldsymbol{\alpha}_1,\boldsymbol{\alpha}_2$ 线性表示，于是 $\boldsymbol{\beta}$ 可由 $\boldsymbol{\alpha}_1,\boldsymbol{\alpha}_2,\boldsymbol{\alpha}_3$ 线性表示.

9. 充分性：已知向量组 $\boldsymbol{\alpha}_1$，$\boldsymbol{\alpha}_2$，…，$\boldsymbol{\alpha}_m$ 线性无关且 $\boldsymbol{A}=(\boldsymbol{\alpha}_1,\boldsymbol{\alpha}_2,\cdots,\boldsymbol{\alpha}_m)$，因此 $R(\boldsymbol{A})=m$．又因为矩阵 $\boldsymbol{A}$ 与矩阵 $\boldsymbol{B}=(\boldsymbol{\beta}_1,\boldsymbol{\beta}_2,\cdots,\boldsymbol{\beta}_m)$ 等价，所以 $R(\boldsymbol{B})=m$．故向量组 $\boldsymbol{\beta}_1$，$\boldsymbol{\beta}_2$，…，$\boldsymbol{\beta}_m$ 也线性无关.

必要性：已知向量组 $\boldsymbol{\alpha}_1$，$\boldsymbol{\alpha}_2$，…，$\boldsymbol{\alpha}_m$ 和 $\boldsymbol{\beta}_1$，$\boldsymbol{\beta}_2$，…，$\boldsymbol{\beta}_m$ 都为 m 个 m 维列向量且线性无关，所以 $\boldsymbol{\alpha}_1$，$\boldsymbol{\alpha}_2$，…，$\boldsymbol{\alpha}_m$ 和 $\boldsymbol{\beta}_1$，$\boldsymbol{\beta}_2$，…，$\boldsymbol{\beta}_m$ 均为 m 维向量空间的基，故这两组向量等价．于是，矩阵 $\boldsymbol{B}=(\boldsymbol{\beta}_1,\boldsymbol{\beta}_2,\cdots,\boldsymbol{\beta}_m)$ 与矩阵 $\boldsymbol{A}=(\boldsymbol{\alpha}_1,\boldsymbol{\alpha}_2,\cdots,\boldsymbol{\alpha}_m)$ 等价.

3－8

10.（1）$\boldsymbol{\alpha}_1$，$\boldsymbol{\alpha}_2$，$\boldsymbol{\alpha}_3$ 线性相关 $\Rightarrow R(\boldsymbol{\alpha}_1,\boldsymbol{\alpha}_2,\boldsymbol{\alpha}_3)<3$

$$\boldsymbol{A}=(\boldsymbol{\alpha}_1,\boldsymbol{\alpha}_2,\boldsymbol{\alpha}_3)=\begin{bmatrix}1&2&3\\3&1&-1\\4&3&2\\-2&t&0\end{bmatrix}\to\begin{bmatrix}1&2&3\\0&-5&-10\\0&-5&-10\\0&t+4&6\end{bmatrix}$$

$$\to\begin{bmatrix}1&2&3\\0&1&2\\0&t+4&6\\0&0&0\end{bmatrix}\to\begin{bmatrix}1&0&-1\\0&1&2\\0&t+4&6\\0&0&0\end{bmatrix}\to\begin{bmatrix}1&0&-1\\0&1&2\\0&0&6-2(t+4)\\0&0&0\end{bmatrix}$$

$$\Rightarrow 6-2(t+4)=0\Rightarrow t=-1$$

（2）当 $t=2$ 时，$\boldsymbol{\alpha}_1$，$\boldsymbol{\alpha}_2$，$\boldsymbol{\alpha}_3$ 线性无关，因此 $\boldsymbol{\alpha}_1$，$\boldsymbol{\alpha}_2$，$\boldsymbol{\alpha}_3$ 自身就是它的极大无关组.

11. 假设 $\boldsymbol{x}_1$，$\boldsymbol{x}_2\in\boldsymbol{V}$，则有 $\boldsymbol{x}_1+\boldsymbol{x}_2\in\boldsymbol{V}$ 和 $k\boldsymbol{x}_1\in\boldsymbol{V}$，故 $\boldsymbol{V}$ 是一个向量空间。又由 $\boldsymbol{V}$ 的定义可知，$\boldsymbol{V}$ 为 $\mathbf{R}^3$ 的一个子空间。根据 $\boldsymbol{V}$ 的定义可知，$\boldsymbol{V}$ 的基即为线性方程组 $x_1-x_2+2x_3=0$ 的基础解系，因此 $\boldsymbol{V}$ 的一组基为

$$\boldsymbol{\xi}_1=\begin{bmatrix}1\\1\\0\end{bmatrix},\ \boldsymbol{\xi}_2=\begin{bmatrix}-2\\0\\1\end{bmatrix}$$

3－11

12. 因为 $(\boldsymbol{\alpha}_1,\boldsymbol{\alpha}_2,\boldsymbol{\alpha}_3)=(\boldsymbol{\varepsilon}_1,\boldsymbol{\varepsilon}_2,\boldsymbol{\varepsilon}_3)\boldsymbol{B}$，$(\boldsymbol{\beta}_1,\boldsymbol{\beta}_2,\boldsymbol{\beta}_3)=(\boldsymbol{\varepsilon}_1,\boldsymbol{\varepsilon}_2,\boldsymbol{\varepsilon}_3)\boldsymbol{C}$，其中

$$\boldsymbol{B}=\begin{bmatrix}1&1&1\\1&0&0\\1&-1&1\end{bmatrix},\ \boldsymbol{C}=\begin{bmatrix}1&2&3\\2&3&4\\1&4&3\end{bmatrix}$$

3－12

所以 $(\boldsymbol{\beta}_1,\boldsymbol{\beta}_2,\boldsymbol{\beta}_3)=(\boldsymbol{\alpha}_1,\boldsymbol{\alpha}_2,\boldsymbol{\alpha}_3)\boldsymbol{A}$，其中

$$\boldsymbol{A}=\boldsymbol{B}^{-1}\boldsymbol{C}=\begin{bmatrix}2&3&4\\0&-1&0\\-1&0&-1\end{bmatrix}$$

即为从基 $\boldsymbol{\alpha}_1$，$\boldsymbol{\alpha}_2$，$\boldsymbol{\alpha}_3$ 到基 $\boldsymbol{\beta}_1$，$\boldsymbol{\beta}_2$，$\boldsymbol{\beta}_3$ 的过渡矩阵.

13. 已知

$$\boldsymbol{\xi}=(\boldsymbol{\alpha}_1,\boldsymbol{\alpha}_2,\boldsymbol{\alpha}_3,\boldsymbol{\alpha}_4)\begin{bmatrix}x_1\\x_2\\x_3\\x_4\end{bmatrix}=(\boldsymbol{\beta}_1,\boldsymbol{\beta}_2,\boldsymbol{\beta}_3,\boldsymbol{\beta}_4)\begin{bmatrix}y_1\\y_2\\y_3\\y_4\end{bmatrix}=(\boldsymbol{\alpha}_1,\boldsymbol{\alpha}_2,\boldsymbol{\alpha}_3,\boldsymbol{\alpha}_4)\boldsymbol{A}\begin{bmatrix}y_1\\y_2\\y_3\\y_4\end{bmatrix}$$

其中 $\boldsymbol{A}$ 为基 $\boldsymbol{\alpha}_1$，$\boldsymbol{\alpha}_2$，$\boldsymbol{\alpha}_3$，$\boldsymbol{\alpha}_4$ 到基 $\boldsymbol{\beta}_1$，$\boldsymbol{\beta}_2$，$\boldsymbol{\beta}_3$，$\boldsymbol{\beta}_4$ 的过渡矩阵. 又由题述坐标变换公式可得

$$\begin{cases} x_1 = y_1 \\ x_2 = -y_1 + y_2 \\ x_3 = y_1 - y_2 + y_3 \\ x_4 = -y_1 + y_2 - y_3 + y_4 \end{cases}$$

即

$$\boldsymbol{A} = \begin{bmatrix} 1 & 0 & 0 & 0 \\ -1 & 1 & 0 & 0 \\ 1 & -1 & 1 & 0 \\ -1 & 1 & -1 & 1 \end{bmatrix}$$

14. 提示：因为 $\boldsymbol{A}^{\mathrm{T}}\boldsymbol{A} = (\boldsymbol{E} + k\boldsymbol{\alpha}\boldsymbol{\alpha}^{\mathrm{T}})^{\mathrm{T}}(\boldsymbol{E} + k\boldsymbol{\alpha}\boldsymbol{\alpha}^{\mathrm{T}}) = \boldsymbol{E} + k\boldsymbol{\alpha}\boldsymbol{\alpha}^{\mathrm{T}} + k\boldsymbol{\alpha}\boldsymbol{\alpha}^{\mathrm{T}} + k^2\boldsymbol{\alpha}\boldsymbol{\alpha}^{\mathrm{T}}\boldsymbol{\alpha}\boldsymbol{\alpha}^{\mathrm{T}}$，所以 $\boldsymbol{\alpha}^{\mathrm{T}}\boldsymbol{\alpha} = 6$. 又因为 $\boldsymbol{A}^{\mathrm{T}}\boldsymbol{A} = \boldsymbol{E} + (2k + 6k^2)\boldsymbol{\alpha}\boldsymbol{\alpha}^{\mathrm{T}} = \boldsymbol{E}$，所以 $2k + 6k^2 = 0$ 且 $k \neq 0$，即 $k = -\dfrac{1}{3}$.

15. 因为 $\boldsymbol{H} = \boldsymbol{H}^{\mathrm{T}}$，所以 $\boldsymbol{H}$ 为对称矩阵. 又因为

$$\boldsymbol{H}\boldsymbol{H}^{\mathrm{T}} = \left(\boldsymbol{E} - 2\frac{\boldsymbol{x}\boldsymbol{x}^{\mathrm{T}}}{\boldsymbol{x}^{\mathrm{T}}\boldsymbol{x}}\right)\left(\boldsymbol{E} - 2\frac{\boldsymbol{x}\boldsymbol{x}^{\mathrm{T}}}{\boldsymbol{x}^{\mathrm{T}}\boldsymbol{x}}\right) = \boldsymbol{E} - 4\frac{\boldsymbol{x}\boldsymbol{x}^{\mathrm{T}}}{\boldsymbol{x}^{\mathrm{T}}\boldsymbol{x}} + 4\frac{\boldsymbol{x}\boldsymbol{x}^{\mathrm{T}}}{\boldsymbol{x}^{\mathrm{T}}\boldsymbol{x}} = \boldsymbol{E}$$

所以 $\boldsymbol{H}$ 为对称的正交矩阵.

16. $$\tilde{\boldsymbol{A}} = \begin{bmatrix} a & b & 2 & 1 \\ a & b+1 & 2 & 1 \\ a & b & b+1 & 1 \end{bmatrix} \to \begin{bmatrix} a & 0 & 2 & 1 \\ 0 & 1 & 0 & 0 \\ 0 & 0 & b-1 & 0 \end{bmatrix}$$

(1) 当 $a \neq 0$，$b \neq 1$ 时，$\boldsymbol{\beta}$ 可由 $\boldsymbol{\alpha}_1$，$\boldsymbol{\alpha}_2$，$\boldsymbol{\alpha}_3$ 唯一线性表示；

(2) 当 $b = 1$，a 为任意值时，$\boldsymbol{\beta}$ 可由 $\boldsymbol{\alpha}_1$，$\boldsymbol{\alpha}_2$，$\boldsymbol{\alpha}_3$ 不唯一线性表示；

(3) 当 $a = 0$，$b \neq 1$ 时，$\boldsymbol{\beta}$ 不能由 $\boldsymbol{\alpha}_1$，$\boldsymbol{\alpha}_2$，$\boldsymbol{\alpha}_3$ 线性表示.

17. (1) $R(\mathbf{A}) = 4 - 2 = 2$；

(2) $$[\boldsymbol{A}, \boldsymbol{b}] \to \cdots \to \begin{bmatrix} 1 & 1 & 1 & 1 & -1 \\ 0 & -1 & 1 & -5 & 3 \\ 0 & 0 & 4-2\lambda & \mu+4\lambda-5 & 4-2\lambda \end{bmatrix}$$

由 $R(\mathbf{A}) = 2$，知 $\lambda = 2$，$\mu = -3$. 把增广矩阵化为行最简形：

$$[A, b] \to \cdots \to \begin{bmatrix} 1 & 0 & 2 & -4 & 2 \\ 0 & 1 & -1 & 5 & -3 \\ 0 & 0 & 0 & 0 & 0 \end{bmatrix}$$

则通解为

$$k_1\begin{bmatrix} -2 \\ 1 \\ 1 \\ 0 \end{bmatrix} + k_2\begin{bmatrix} 4 \\ -5 \\ 0 \\ 1 \end{bmatrix} + \begin{bmatrix} 2 \\ -3 \\ 0 \\ 0 \end{bmatrix} \quad (k_1, k_2 \in \mathbf{R})$$

18. 设所求齐次线性方程组为 $a_1x_1 + a_2x_2 + a_3x_3 + a_4x_4 = 0$，把向量 $\boldsymbol{\xi}_1 = (1, 2, 3, 4)^{\mathrm{T}}$，$\boldsymbol{\xi}_2 = (4, 3, 2, 1)^{\mathrm{T}}$ 带入该方程组，于是有新的齐次线性方程组：

$$\begin{cases} a_1+2a_2+3a_3+4a_4=0 \\ 4a_1+3a_2+2a_3+a_4=0 \end{cases},\begin{bmatrix} 1 & 2 & 3 & 4 \\ 4 & 3 & 2 & 1 \end{bmatrix} \longrightarrow \begin{bmatrix} 1 & 0 & -1 & -2 \\ 0 & 1 & 2 & 3 \end{bmatrix}$$

新的齐次线性方程组基础解系为

$$\begin{bmatrix} 1 \\ -2 \\ 1 \\ 0 \end{bmatrix},\begin{bmatrix} 2 \\ -3 \\ 0 \\ 1 \end{bmatrix}$$

3-18

则所求齐次线性方程组为

$$\begin{cases} x_1-2x_2+x_3=0 \\ 2x_1-3x_2+x_4=0 \end{cases}$$

此题答案不唯一.

19. 求线性方程组 $\boldsymbol{Ax}=\boldsymbol{0}$ 的基础解系可得

$$\boldsymbol{\xi}_1=\begin{bmatrix} 1 \\ 5 \\ 8 \\ 0 \end{bmatrix},\boldsymbol{\xi}_2=\begin{bmatrix} -1 \\ 11 \\ 0 \\ 8 \end{bmatrix}$$

3-19

所以，$\boldsymbol{B}=(\boldsymbol{\xi}_1,\boldsymbol{\xi}_2)$.

20. 方程组 $\boldsymbol{Ax}=\boldsymbol{0}$ 基础解系所含向量个数为 3－2＝1.

显然 $(\eta_1+\eta_2)-(\eta_1+\eta_3)=(1,1,1)^{\mathrm{T}}$ 是 $\boldsymbol{Ax}=\boldsymbol{0}$ 的一个解，$\frac{1}{2}(\eta_1+\eta_2)=\frac{1}{2}(3,1,-1)^{\mathrm{T}}$ 是 $\boldsymbol{Ax}=\boldsymbol{b}$ 的一个特解，所以 $\boldsymbol{Ax}=\boldsymbol{b}$ 的通解为

3-20

$$k(1,1,1)^{\mathrm{T}}+\frac{1}{2}(3,1,-1)^{\mathrm{T}}\quad(k\in\mathbf{R})$$

21. $R(\boldsymbol{A})=3$，$\boldsymbol{Ax}=\boldsymbol{0}$ 的基础解系只含有 4－3＝1 个解向量 $\boldsymbol{\eta}=(2,0,-1,-1)$，特解 $\boldsymbol{\xi}=(1,1,1,0)^{\mathrm{T}}$.

3-21

22. $\boldsymbol{Ax}=\boldsymbol{0}$ 有非零解，$R(\boldsymbol{A})<3$。又因为 $\boldsymbol{AB}=\boldsymbol{O}$ 且 $R(\boldsymbol{B})\geqslant 2$，所以 $R(\boldsymbol{A})=1$，于是 $\boldsymbol{B}$ 的前两列就是 $\boldsymbol{Ax}=\boldsymbol{0}$ 通解中的两个解向量.

23. (1) 令 $\boldsymbol{T}_1$：$\boldsymbol{\eta},\boldsymbol{\xi}_1,\boldsymbol{\xi}_2,\cdots,\boldsymbol{\xi}_{n-r}$，根据题意，$\boldsymbol{A\xi}_i=\boldsymbol{0}$，$i$ 为 $1\sim n-r$，因此 $\boldsymbol{\xi}_1,\boldsymbol{\xi}_2,\cdots,\boldsymbol{\xi}_{n-r}$ 不能线性表示向量 $\boldsymbol{\eta}$，又因为 $\boldsymbol{\xi}_1,\boldsymbol{\xi}_2,\cdots,\boldsymbol{\xi}_{n-r}$ 线性无关，可得向量组 $\boldsymbol{T}_1$ 线性无关.

(2) 令 $\boldsymbol{T}_2$：$\boldsymbol{\eta},\boldsymbol{\eta}+\boldsymbol{\xi}_1,\boldsymbol{\eta}+\boldsymbol{\xi}_2,\cdots,\boldsymbol{\eta}+\boldsymbol{\xi}_{n-r}$，显然向量组 $\boldsymbol{T}_1$ 与向量组 $\boldsymbol{T}_2$ 等价。由(1)可知，$\boldsymbol{T}_1$ 线性无关，因此 $\boldsymbol{T}_2$ 也线性无关.

3-22　3-23(1)　3-23(2)　3-24

24. (1) 证明方程组 $\boldsymbol{Ax}=\boldsymbol{0}$ 和 $\boldsymbol{A}^{\mathrm{T}}\boldsymbol{Ax}=0$ 同解.

设 $\boldsymbol{\xi}$ 是 $\boldsymbol{Ax}=\boldsymbol{0}$ 的解，即 $\boldsymbol{A\xi}=\boldsymbol{0}$，那么自然 $\boldsymbol{A}^{\mathrm{T}}\boldsymbol{A\xi}=\boldsymbol{0}$，即 $\boldsymbol{\xi}$ 也是 $\boldsymbol{A}^{\mathrm{T}}\boldsymbol{Ax}=\boldsymbol{0}$ 的解.

设 $\boldsymbol{\eta}$ 是 $\boldsymbol{A}^{\mathrm{T}}\boldsymbol{A}\boldsymbol{x}=\boldsymbol{0}$ 的解，即 $\boldsymbol{A}^{\mathrm{T}}\boldsymbol{A}\boldsymbol{\eta}=\boldsymbol{0}$，用 $\boldsymbol{\eta}^{\mathrm{T}}$ 乘以等式两端，有 $\boldsymbol{\eta}^{\mathrm{T}}\boldsymbol{A}^{\mathrm{T}}\boldsymbol{A}\boldsymbol{\eta}=\boldsymbol{0}$，$(\boldsymbol{A}\boldsymbol{\eta})^{\mathrm{T}}(\boldsymbol{A}\boldsymbol{\eta})=\boldsymbol{0}$，则 $\|\boldsymbol{A}\boldsymbol{\eta}\|=\boldsymbol{0}$，故有 $\boldsymbol{A}\boldsymbol{\eta}=0$，即 $\boldsymbol{\eta}$ 也是 $\boldsymbol{A}\boldsymbol{x}=\boldsymbol{0}$ 的解.

(2)因为 $R(\boldsymbol{A})=R(\boldsymbol{A}^{\mathrm{T}}\boldsymbol{A})=\max\{R(\boldsymbol{A}^{\mathrm{T}}\boldsymbol{A}),R(\boldsymbol{A}^{\mathrm{T}}\boldsymbol{b})\}\leqslant R(\boldsymbol{A}^{\mathrm{T}}\boldsymbol{A},\boldsymbol{A}^{\mathrm{T}}\boldsymbol{b})$

又因为 $R(\boldsymbol{A}^{\mathrm{T}}\boldsymbol{A},\boldsymbol{A}^{\mathrm{T}}\boldsymbol{b})=R(\boldsymbol{A}^{\mathrm{T}}(\boldsymbol{A},\boldsymbol{b}))\leqslant\min\{R(\boldsymbol{A}^{\mathrm{T}}),R(\boldsymbol{A},\boldsymbol{b})\}=R(\boldsymbol{A})$

所以 $R(\boldsymbol{A}^{\mathrm{T}}\boldsymbol{A},\boldsymbol{A}^{\mathrm{T}}\boldsymbol{b})=R(\boldsymbol{A}^{\mathrm{T}}\boldsymbol{A})=R(\boldsymbol{A})$.

25. 证明方程组 $(\boldsymbol{AB})^{\mathrm{T}}x=0$ 和 $\boldsymbol{A}^{\mathrm{T}}\boldsymbol{x}=\boldsymbol{0}$ 同解.

设 $\boldsymbol{\xi}$ 是 $\boldsymbol{A}^{\mathrm{T}}\boldsymbol{x}=\boldsymbol{0}$ 的解，即 $\boldsymbol{A}^{\mathrm{T}}\boldsymbol{\xi}=\boldsymbol{0}$，那么 $\boldsymbol{B}^{\mathrm{T}}\boldsymbol{A}^{\mathrm{T}}\boldsymbol{\xi}=\boldsymbol{0}$，$(\boldsymbol{AB})^{\mathrm{T}}\boldsymbol{\xi}=\boldsymbol{0}$，即 $\boldsymbol{\xi}$ 也是 $(\boldsymbol{AB})^{\mathrm{T}}\boldsymbol{x}=\boldsymbol{0}$ 的解.

设 $\boldsymbol{\eta}$ 是 $(\boldsymbol{AB})^{\mathrm{T}}\boldsymbol{x}=\boldsymbol{0}$ 的解，即 $(\boldsymbol{AB})^{\mathrm{T}}\boldsymbol{\eta}=\boldsymbol{0}$，$\boldsymbol{B}^{\mathrm{T}}\boldsymbol{A}^{\mathrm{T}}\boldsymbol{\eta}=\boldsymbol{0}$，则向量 $\boldsymbol{A}^{\mathrm{T}}\boldsymbol{\eta}$ 是方程组 $\boldsymbol{B}^{\mathrm{T}}\boldsymbol{x}=\boldsymbol{0}$ 的解；又因为 $R(\boldsymbol{B})=n$，所以方程组 $\boldsymbol{B}^{\mathrm{T}}\boldsymbol{x}=\boldsymbol{0}$ 只有零解，故 $\boldsymbol{A}^{\mathrm{T}}\boldsymbol{\eta}=0$，即 $\boldsymbol{\eta}$ 也是 $\boldsymbol{A}^{\mathrm{T}}\boldsymbol{x}=\boldsymbol{0}$ 的解.

26. (1) 当 $R(\boldsymbol{A})=n$ 时，$\boldsymbol{A}$ 可逆，从而 $\boldsymbol{A}^*=|\boldsymbol{A}|\boldsymbol{A}^{-1}$，所以

$$R(\boldsymbol{A}^*)=R(|\boldsymbol{A}|\boldsymbol{A}^{-1})=R(\boldsymbol{A}^{-1})=n$$

(2) 当 $R(\boldsymbol{A})=n-1$ 时，$\boldsymbol{A}$ 至少存在一个 $n-1$ 阶非零子式. 由定义可知 $R(\boldsymbol{A}^*)\geqslant 1$. 又由 $R(\boldsymbol{A})=n-1$ 可得 $|\boldsymbol{A}|=0$，从而 $\boldsymbol{A}\boldsymbol{A}^*=|\boldsymbol{A}|\boldsymbol{E}=\boldsymbol{O}$，所以 $R(\boldsymbol{A})+R(\boldsymbol{A}^*)\leqslant n$，即 $R(\boldsymbol{A}^*)\leqslant 1$，故 $R(\boldsymbol{A}^*)=1$.

(3) 当 $R(\boldsymbol{A})<n-1$ 时，$\boldsymbol{A}$ 的所有 $n-1$ 阶子式全为 0. 由 $\boldsymbol{A}^*$ 的定义可知 $\boldsymbol{A}^*=\boldsymbol{O}$，所以 $R(\boldsymbol{A}^*)=0$.

27. 因为

$$\boldsymbol{AB}-\boldsymbol{E}=\boldsymbol{AB}-\boldsymbol{A}+\boldsymbol{A}-\boldsymbol{E}=\boldsymbol{A}(\boldsymbol{B}-\boldsymbol{E})+\boldsymbol{A}-\boldsymbol{E}$$

所以

$$\begin{aligned}R(\boldsymbol{AB}-\boldsymbol{E})&=R(\boldsymbol{A}(\boldsymbol{B}-\boldsymbol{E})+\boldsymbol{A}-\boldsymbol{E})\\&\leqslant R(\boldsymbol{A}(\boldsymbol{B}-\boldsymbol{E}))+R(\boldsymbol{A}-\boldsymbol{E})\\&\leqslant R(\boldsymbol{B}-\boldsymbol{E})+R(\boldsymbol{A}-\boldsymbol{E})\end{aligned}$$

28. 因为

$$\boldsymbol{A}^2=\boldsymbol{A}\Rightarrow\boldsymbol{A}(\boldsymbol{A}-\boldsymbol{E})=\boldsymbol{0}\Rightarrow R(\boldsymbol{A})+R(\boldsymbol{A}-\boldsymbol{E})\leqslant n$$

又因为

$$\max\{R(\boldsymbol{A}),R(-\boldsymbol{E})\}\leqslant R(\boldsymbol{A},-\boldsymbol{E})=R(\boldsymbol{A},\boldsymbol{A}-\boldsymbol{E})\leqslant R(\boldsymbol{A})+R(\boldsymbol{A}-\boldsymbol{E})$$

所以

$$R(\boldsymbol{A})+R(\boldsymbol{A}-\boldsymbol{E})=n$$

29. 由已知可得，$\boldsymbol{A}^{\mathrm{T}}\boldsymbol{B}^{\mathrm{T}}=\boldsymbol{O}$ 且 $R(\boldsymbol{A}^{\mathrm{T}})=R(\boldsymbol{A})=m<n$，所以线性方程组 $\boldsymbol{A}^{\mathrm{T}}\boldsymbol{x}=\boldsymbol{0}$ 只有零解，于是 $\boldsymbol{B}^{\mathrm{T}}=\boldsymbol{O}$，即 $\boldsymbol{B}=\boldsymbol{O}$.

30. 因为 $\boldsymbol{\alpha}^{\mathrm{T}}\boldsymbol{\alpha}=1$，所以 $\boldsymbol{\alpha}\neq\boldsymbol{0}$；又因为 $\boldsymbol{A}\boldsymbol{\alpha}=\boldsymbol{\alpha}-\boldsymbol{\alpha}\boldsymbol{\alpha}^{\mathrm{T}}\boldsymbol{\alpha}=\boldsymbol{0}$，所以 $\boldsymbol{\alpha}$ 为齐次线性方程组 $\boldsymbol{A}\boldsymbol{x}=\boldsymbol{0}$ 的非零解. 故 $R(\boldsymbol{A})<n$.

31. 把矩阵 $\boldsymbol{B}$ 按列分块 $\boldsymbol{B}=(b_1,b_2,\cdots,b_n)$，由 $\boldsymbol{AB}=\boldsymbol{O}$，知 $b_i(i=1,2,\cdots,n)$ 是方程组 $\boldsymbol{A}\boldsymbol{x}=\boldsymbol{0}$ 的解. 而方程组 $\boldsymbol{A}\boldsymbol{x}=\boldsymbol{0}$ 的基础解系所含向量个数为 $s-R(\boldsymbol{A})$，而 $b_i(i=1,2,\cdots,n)$ 可以由 $\boldsymbol{A}\boldsymbol{x}=\boldsymbol{0}$ 的基础解系线性表示，故有 $R(\boldsymbol{B})\leqslant s-R(\boldsymbol{A})$，即 $R(\boldsymbol{A})+R(\boldsymbol{B})\leqslant s$.

3-26　3-28　3-29　3-30　3-31

二、填空题

32. $t \neq 3$

33. 线性相关

34. (1) 线性相关性无法判断；线性无关　(2) 线性无关；线性无关

35. 线性相关性无法判断；线性相关；线性相关；线性相关性无法判断

36. α_1, α_2 或 α_1, α_3 或 α_2, α_3

37. $(2, -1)^T$

38. $x = (1, 0, 0)^T$

39. $k(1, 1, \cdots, 1)^T$

40. 有解；解的情况无法判断

41. 线性相关性无法判断；线性相关性无法判断

42. $k(-13, -6, 1, 8)^T + \frac{1}{4}(1, 2, 3, 4)$

43. $a + 2b = 0, a \neq 0$

44. 2

45. $k(1, 1, 1)^T + (1, -1, 2)^T$

46. 1

47. 0

48. $2 \leqslant k \leqslant n$

49. 1

50. 1

3-35　3-38　3-39　3-42

3-43　3-45　3-49　3-50

三、选择题

51. (B)　52. (C)　53. (A)　54. (B)　55. (C)

56. (B)　57. (B)　58. (C)　59. (C)　60. (D)

3-52　　3-53　　3-55　　3-56

3-57　　3-58　　3-60

第五章　MATLAB 解线性代数问题

MATLAB 初步　　MATLAB 与线性代数的基本运算　　利用 MATLAB 解线性代数问题

一、填空题

1\. a=[1, 2, 3, 4]

b=[7, 0, 1, 0]

a * b′

2\. A=[−8, 3, 0; −5, 9, 0; −2, 15, 0]

B=[5, 3, 1; 1, −3, −2; −5, 2, 1]

X=A * B^−1

3\. B=[1, −2, 0; 2, 1, 0; 0, 0, 2]

A=(B−eye(3))^−1 * B

5-2

4\. A=[1, 2, 3, 4, 5;
2, 3, 4, 5, 1;
3, 4, 5, 1, 2;
4, 5, 1, 2, 3;
5, 1, 2, 3, 4]

A^5

A^−1

```
5. A=[−23, −13, 14, 14, −7;
      −2, −2, 1, 6, −14;
      −4, −5, −9, 2, −9;
      −4, −7, 1, 0, 0;
      9, −1, 1, −9, 10]
   b=[−104; −114; −212; −56; 120]
   x=A\b
```

5－5

```
6. A=[6, 3, 1, −7, −10;
      2, −18, −5, 3, 15;
      −6, 0, 3, 2, −11;
      −1, −7, 0, 0, 0;
      12, −10, −10, 1, 10]
   A^−1
```

5－7

```
7. (1) syms  a
       A=[1−a, a, 0, 0, 0;
          −1, 1−a, a, 0, 0;
          0, −1, 1−a, a, 0;
          0, 0, −1, 1−a, a;
          0, 0, 0, −1, 1−a]
       det(A)
       factor(ans)
   (2) syms a  b
       A=[a, b, b, b; a, b, a, a; a, a, b, a; b, b, b, a]
       det(A)
       factor(ans)
   (3) syms a  b  c  d
       A=[1, 1, 1, 1; a, b, c, d; a^2, b^2, c^2, d^2; a^4, b^4, c^4, d^4]
       det(A)
       factor(ans)
```

```
8. a1=[2; 1; 6; 5; 6]
   a2=[6; 3; 18; 15; 18]
   a3=[0; 3; −2; 13; 0]
   a4=[−4; 1; −14; 3; −12]
   a5=[2; 8; 10; 6; 6]
   a6=[0; −1; −8; 25; 0]
   A=[a1, a2, a3, a4, a5, a6]
   rref(A)
```

5－8

根据运算结果，可以得到最大无关组，用最大无关组表示其余向量.

9. A=[6，3，2，3，4，5；
4，2，1，2，3，4；
4，2，3，2，1，0；
2，1，7，3，2，1]
rref(A)
根据增广矩阵的行最简形可以得到方程组通解.

5-9

10. syms k
A=[2-k，2，4，4；
2，3-k，-1，0；
-3，2，5-k，4；
0，1，7，8-2*k]
det(A)
factor(ans)
根据因式分解的结果，可以得到 k 的具体取值，再进一步计算.

5-10

11. (1) A=[-1，10，-2；-1，2，1；-2，10，-1]
eig(A)
(2) A=[-1，10，-2；-1，2，1；-2，10，-1]
eig(5*A^3-2*A^2+3*eye(3))
(3) A=[-1，10，-2；-1，2，1；-2，10，-1]
eig(2*eye(3)-3*A^-1)

12. a1=[1；0；-1；1]
a2=[1；-1；0；1]
a3=[-1；1；1；0]
orth([a1，a2，a3])

13. (1) A=[-1，0，-3；1，2，1；2，0，4]
eig(A)
特征值为 1，2，2，其中 2 是一个 2 重特征值，
rank(A-2*eye(3))
矩阵 A-2E 的秩为 1，所以可以对角化.

5-13

(2) A=[11，0，0；-1，-1，-16；-9，0，23]
eig(A)
特征值为 11，11，11，其中 11 是一个 3 重特征值，
rank(A-11*eye(3))
矩阵 A-11E 的秩为 2，所以不可以对角化；

14. 设学号后三位为 246
A=[1，1，2；1，2，3；2，3，3]
[P，D]=eig(A)

15. (1) A=[-8，2，3；2，-8，3；3，3，-3]

eig(A)

(2) B=[1, 2, −2; 2, −2, 1; −2, 1, 2]

eig(A)

(3) C=[−2, −1, −1; −1, −4, 3; −1, 3, −4]

eig(A)

二、选择题(单选)

16. (C)　17. (C)　18. (C)　19. (D)　20. (B)　21. (D)

22. (D)　23. (B)　24. (B)　25. (D)

三、应用题

26. B=[4, −1, −1, 0, 70;

−1, 4, 0, −1, 50;

−1, 0, 4, −1, 50;

0, −1, −1, 4, 30]

rref(B)

27. x=[0; 1; 2; 3; 4; 5]

y=[2; 6; 0; 26; 294; 1302]

A=[x.^0, x.^1, x.^2, x.^3, x.^4, x.^5]　%构造范德蒙行列式

a=A^−1*y

p=a(1)+a(2)*6+a(3)*6^2+a(4)*6^3+a(5)*6^4+a(6)*6^5

5-26　　5-27　　5-28　　人口迁移问题

28. 表 1 给出了第 n 天与第 $n+1$ 天三种细菌相互变换情况.

表 1　三种细菌相互变换情况表

	A_n	B_n	C_n
A_{n+1}	$0.8A_n$	$0.3B_n$	$0.3C_n$
B_{n+1}	$0.05A_n$	$0.6B_n$	$0.2C_n$
C_{n+1}	$0.15A_n$	$0.1B_n$	$0.5C_n$

用向量 $\boldsymbol{x}_n$ 来表示第 n 天三种细菌的个数，即 $\boldsymbol{x}_n=\begin{bmatrix}A_n\\B_n\\C_n\end{bmatrix}$；用向量 $\boldsymbol{x}_{n+1}$ 来表示第 $n+1$ 天

三种细菌的个数，即 $\boldsymbol{x}_{n+1}=\begin{bmatrix}A_{n+1}\\B_{n+1}\\C_{n+1}\end{bmatrix}$，那么根据表 1 有矩阵关系：

$$\begin{bmatrix}A_{n+1}\\B_{n+1}\\C_{n+1}\end{bmatrix}=\begin{bmatrix}0.8&0.3&0.3\\0.05&0.6&0.2\\0.15&0.1&0.5\end{bmatrix}\begin{bmatrix}A_n\\B_n\\C_n\end{bmatrix}$$

设 $\boldsymbol{P}=\begin{bmatrix}0.8&0.3&0.3\\0.05&0.6&0.2\\0.15&0.1&0.5\end{bmatrix}$，则有：$\boldsymbol{x}_7=\boldsymbol{P}\boldsymbol{x}_6=\boldsymbol{P}^2\boldsymbol{x}_5=\cdots=\boldsymbol{P}^7\boldsymbol{x}_0$，其中 $\boldsymbol{x}_0=10^8\begin{bmatrix}1\\2\\3\end{bmatrix}$.

在 MATLAB 命令窗口中输入：

```
p=[0.8, 0.3, 0.3; 0.05, 0.6, 0.2; 0.15, 0.1, 0.5]
x0=10^8*[1; 2; 3]
x7=p^7*x0
X14=p^14*x0
X21=p^21*x0
```

计算结果为

```
x7 =
   1.0e+08 *
    3.5797
    1.1256
    1.2948
X14=
   1.0e+08 *
    3.5998
    1.1002
    1.2999
X21=
   1.0e+08 *
    3.6000
    1.1000
    1.3000
```

$\boldsymbol{x}_7$ 的三个元素分别为一周后李博士 A、B、C 三种细菌数量.

为了进一步分析细菌数量与天数 n 的函数关系，可以利用矩阵相似对角化理论来计算 $\boldsymbol{P}^n$. 因为矩阵 $\boldsymbol{P}$ 有互不相同的三个特征值：1，1/2 和 2/5，则一定存在可逆矩阵 $\boldsymbol{Q}$，使得：$\boldsymbol{P}=\boldsymbol{Q}\boldsymbol{\Lambda}\boldsymbol{Q}^{-1}$，其中 $\boldsymbol{\Lambda}$ 为对角阵，对角线元素即为 1，0.5，0.4。则有 $\boldsymbol{P}^n=\boldsymbol{Q}\boldsymbol{\Lambda}^n\boldsymbol{Q}^{-1}$，其中 $\boldsymbol{Q}$ 为 $\boldsymbol{P}$ 的线性无关特征列向量所构成的矩阵. 于是有 $\boldsymbol{x}_n=\boldsymbol{P}^n x_0=\boldsymbol{Q}\boldsymbol{\Lambda}^n\boldsymbol{Q}^{-1}x_0$.

三周后，当 $n=21$ 时，有

(1/2)^n=4.7684e−07≈0

(2/5)^n=4.3980e−09≈0

从计算结果可以看出：当 n 越大时，(1/2)^n 和(2/5)^n 就越趋近于零，通过试算得，当 $n\geqslant 30$ 时，李博士的细菌分布就保持恒定不变了，结果为 $10^8\begin{bmatrix}3.6\\1.1\\1.3\end{bmatrix}$.

29. (1) a1=[10；22；32；53；0]

a2=[10；26；31；64；5]

a3=[10；18；29；50；8]

A=[a1，a2，a3]

rref(A)

根据结果可得 1 号和 2 号不能配出 3 号混凝土.

5-29

(2) b1=[24；52；73；133；12]

b2=[36；75；100；185；20]

B=[a1，a2，a3，b1，b2]

X=rref(B)

x=500 * X(1：3，4)/sum(X(：，4))

根据计算结果 X，可以得到 b1 可以由 a1，a2，a3 线性组合，而 b2 不能由 a1，a2，a3 线性组合. x 给出三种混凝土的具体质量.

30. u=[−1；5；7]

v=[4；8；0]

w=[−6；8；1]

A=[u，v，w]

det(A)

5-30

线性代数练习册

（第二版）（B 册）

主　编　杨　威
副主编　陈建春　宫丰奎
　　　　吴晓鹏　田　阗

西安电子科技大学出版社

内容简介

本书包括矩阵及应用、行列式与线性方程组、n维向量与向量空间、相似矩阵与二次型、MATLAB解线性代数问题等五章，每一章都包括客观题和主观题，其中难点和重点练习题附有视频讲解，读者可通过手机扫描二维码学习相关知识.

本书分为A、B两册，A册包含第一章、第三章和第五章，B册包含第二章和第四章.

本书可作为高等院校非数学专业的本科学生学习“线性代数”课程的同步练习用书，也可作为需要学习线性代数的科技工作者、准备考研的非数学专业学生及其他读者的参考资料.

前　言

本书根据高等学校理工类、经管类非数学专业线性代数课程的教学要求，参照教育部最新颁布的研究生入学考试数学大纲编写而成. 本书与高淑萍等编写的《线性代数及应用》(由西安电子科技大学出版社出版)教材配套使用.

为了方便同学们学习，本书分为A、B两册. A册包括第一章矩阵及应用、第三章n维向量与向量空间和第五章MATLAB解线性代数问题，B册包括第二章行列式与线性方程组和第四章相似矩阵与二次型. 书中习题基本涵盖了线性代数中的所有知识点，内容编排由浅入深，每一章都包含了计算和证明题、填空题、选择题.

本书所有练习题均有参考答案或解题过程. 为了使学生高效地掌握线性代数重点和难点，提高学生自主学习能力，本书针对每一章知识体系录制了图谱视频讲解，针对重点和难点题目(带★)录制了视频讲解，并配有二维码，读者可以通过手机扫描二维码学习相关知识.

本书为高等学校大学数字教学研究与发展中心2020年教学改革项目(CMC20200210)的成果.

由于编者水平有限，书中难免存在不足之处，恳请读者提出宝贵意见，以便我们进一步完善.

编　者

2020年07月

目　　录

第二章　行列式与线性方程组

一、计算和证明题

★ 1. 求行列式 $D_4 = \begin{vmatrix} 5x & 1 & 2 & 3 \\ x & x & 1 & 2 \\ 1 & 2 & x & 3 \\ x & 1 & 2 & 2x \end{vmatrix}$ 的展开式中 x^3 和 x^4 的系数.

2. 计算行列式的值 $\begin{vmatrix} a & -1 & 0 & 0 \\ 1 & b & -1 & 0 \\ 0 & 1 & c & -1 \\ 0 & 0 & 1 & d \end{vmatrix}$.

3. 计算行列式的值 $\begin{vmatrix} ab & -ac & -ae \\ -bd & cd & -de \\ -bf & -cf & -ef \end{vmatrix}$.

★ 4. 计算 n 阶行列式 $\begin{vmatrix} 1 & 2 & 3 & \cdots & n-1 & n \\ 1 & -1 & 0 & \cdots & 0 & 0 \\ 0 & 2 & -2 & \cdots & 0 & 0 \\ 0 & 0 & 3 & \ddots & \vdots & 0 \\ \vdots & \vdots & \vdots & \ddots & 2-n & \vdots \\ 0 & 0 & 0 & \cdots & n-1 & 1-n \end{vmatrix}$.

5. 计算行列式 $D = \begin{vmatrix} -a_1 & a_1 & 0 & \cdots & 0 & 0 \\ 0 & -a_2 & a_2 & \cdots & 0 & 0 \\ 0 & 0 & -a_3 & \cdots & 0 & 0 \\ \vdots & \vdots & \vdots & \ddots & \vdots & \vdots \\ 0 & 0 & 0 & \cdots & -a_n & a_n \\ 1 & 1 & 1 & \cdots & 1 & 1 \end{vmatrix}$.

★ 6. 计算 n 阶行列式 $D=\begin{vmatrix} a_1 & a_2 & \cdots & a_{n-1} & 1+a_n \\ a_1 & a_2 & \cdots & 1+a_{n-1} & a_n \\ \vdots & \vdots & & \vdots & \vdots \\ a_1 & 1+a_2 & \cdots & a_{n-1} & a_n \\ 1+a_1 & a_2 & \cdots & a_{n-1} & a_n \end{vmatrix}$.

★ 7. 计算 n 阶行列式 $D_n=\begin{bmatrix} 1 & 3 & 3 & \cdots & 3 \\ 3 & 2 & 3 & \cdots & 3 \\ 3 & 3 & 3 & \cdots & 3 \\ \vdots & \vdots & \vdots & & \vdots \\ 3 & 3 & 3 & \cdots & n \end{bmatrix}$.

★8. 设$\boldsymbol{\alpha}_1$，$\boldsymbol{\alpha}_2$，…，$\boldsymbol{\alpha}_n$为n维列向量，$\boldsymbol{\beta}_1=\boldsymbol{\alpha}_1+\boldsymbol{\alpha}_2$，$\boldsymbol{\beta}_2=\boldsymbol{\alpha}_2+\boldsymbol{\alpha}_3$，…，$\boldsymbol{\beta}_n=\boldsymbol{\alpha}_n+\boldsymbol{\alpha}_1$，方阵$\boldsymbol{A}=(\boldsymbol{\alpha}_1,\boldsymbol{\alpha}_2,\cdots,\boldsymbol{\alpha}_n)$，$\boldsymbol{B}=(\boldsymbol{\beta}_1,\boldsymbol{\beta}_2,\cdots,\boldsymbol{\beta}_n)$，如果$|\boldsymbol{A}|=1003$，求$|\boldsymbol{B}|$的值.

★9. 计算n阶行列式$D_n=\begin{vmatrix} 4 & 3 & \cdots & 3 & 3 \\ 3 & 4 & \cdots & 3 & 3 \\ \vdots & \vdots & & \vdots & \vdots \\ 3 & 3 & \cdots & 4 & 3 \\ 3 & 3 & \cdots & 3 & 4 \end{vmatrix}$.

10. 计算 4 阶行列式 $D=\begin{vmatrix} a+1 & 1 & 1 & 1 \\ -1 & a-1 & -1 & -1 \\ 1 & 1 & a+1 & 1 \\ -1 & -1 & -1 & a-1 \end{vmatrix}$.

★ 11. 计算 n 阶行列式(其中 $a_i\neq 0$, $i=1, 2, \cdots, n$)

$$D_n=\begin{vmatrix} a_1^{n-1} & a_2^{n-1} & a_3^{n-1} & \cdots & a_n^{n-1} \\ a_1^{n-2}b_1 & a_2^{n-2}b_2 & a_3^{n-2}b_3 & \cdots & a_n^{n-2}b_n \\ \vdots & \vdots & \vdots & & \vdots \\ a_1b_1^{n-2} & a_2b_2^{n-2} & a_3b_3^{n-2} & \cdots & a_nb_n^{n-2} \\ b_1^{n-1} & b_2^{n-1} & b_3^{n-1} & \cdots & b_n^{n-1} \end{vmatrix}.$$

★ 12. 已知 $\prod_{i=2}^{n} a_i \neq 0$，计算 n 阶行列式 $D = \begin{vmatrix} a_1 & b & b & \cdots & b \\ b & a_2 & & & \\ b & & a_3 & & \\ \vdots & & & \ddots & \\ b & & & & a_n \end{vmatrix}$.

★ 13. 已知 4 阶行列式 $D_4 = \begin{vmatrix} 1 & 2 & 3 & 4 \\ 3 & 3 & 4 & 4 \\ 1 & 5 & 6 & 7 \\ 1 & 1 & 2 & 2 \end{vmatrix}$，求 $-A_{41}-A_{42}-2A_{43}-2A_{44}$，其中 A_{4j} 为行列式 D_4 的第 4 行第 j 个元素的代数余子式.

14. λ 和 μ 为何值时，齐次方程组 $\begin{cases} \lambda x_1 + x_2 + x_3 = 0 \\ x_1 + \mu x_2 + x_3 = 0 \\ x_1 + 2\mu x_2 + x_3 = 0 \end{cases}$ 有非零解？

15. 齐次线性方程组 $\begin{cases} x_1 + x_2 + x_3 + a x_4 = 0 \\ x_1 + 2x_2 + x_3 + x_4 = 0 \\ x_1 + x_2 - 3x_3 + x_4 = 0 \\ x_1 + x_2 + a x_3 + b x_4 = 0 \end{cases}$ 有非零解时，a，b 必须满足什么条件？

16. 求三次多项式 $f(x)=a_0+a_1x+a_2x^2+a_3x^3$，使得 $f(-1)=0$，$f(1)=4$，$f(2)=3$，$f(3)=16$.

17. 求出使一平面上三个点 (x_1, y_1)，(x_2, y_2)，(x_3, y_3) 位于同一直线上的充分必要条件.

18. 证明 $\begin{vmatrix} a^2 & ab & b^2 \\ 2a & a+b & 2b \\ 1 & 1 & 1 \end{vmatrix} = (a-b)^3$.

★ 19. 证明 $D_{2n} = \begin{vmatrix} a & & & & & b \\ & \ddots & & & \iddots & \\ & & a & b & & \\ & & c & d & & \\ & \iddots & & & \ddots & \\ c & & & & & d \end{vmatrix} = (ad-bc)^n$.

★ 20. 证明 $\begin{vmatrix} 1+a_1 & 1 & \cdots & 1 \\ 1 & 1+a_2 & \cdots & 1 \\ \vdots & \vdots & & \vdots \\ 1 & 1 & \cdots & 1+a_n \end{vmatrix} = \left(1+\sum_{i=1}^{n}\frac{1}{a_i}\right)\prod_{i=1}^{n}a_i$，其中 $a_i \neq 0$，$i=1$，2，3，…，n.

二、填空题

21. $\begin{vmatrix} 1 & & & \\ & 2 & & \\ & & 3 & \\ & & & 4 \end{vmatrix}=$ ________，$\begin{vmatrix} & & & 1 \\ & & 2 & \\ & 3 & & \\ 4 & & & \end{vmatrix}=$ ________.

★ 22. n 阶行列式 $\begin{vmatrix} 0 & 1 & 0 & \cdots & 0 \\ 0 & 0 & 2 & \cdots & 0 \\ \vdots & \vdots & \vdots & & \vdots \\ 0 & 0 & 0 & \cdots & n-1 \\ n & 0 & 0 & \cdots & 0 \end{vmatrix}=$ ________.

★ 23. n 阶行列式 $D_n=\begin{vmatrix} a & b & & & \\ & a & b & & \\ & & a & \ddots & \\ & & & \ddots & b \\ b & & & & a \end{vmatrix}=$ ________.

24. 求行列式 $\begin{vmatrix} 103 & 100 & 204 \\ 199 & 200 & 395 \\ 301 & 300 & 600 \end{vmatrix}=$ ________.

25. 已知 3 阶行列式中第 2 列元素依次为 1、2、3，其对应的余子式依次为 3、2、1，则该行列式的值为________ .

26. 若行列式 $D=\begin{vmatrix} -8 & 7 & 4 & 3 \\ 6 & -2 & 3 & -1 \\ 1 & 1 & 1 & 1 \\ 4 & 3 & -7 & 5 \end{vmatrix}$，则 D 中第一行元素的代数余子式之和为________.

27. 行列式 $D=\begin{vmatrix} 5 & 3 & -1 & 2 & 0 \\ 1 & 7 & 2 & 5 & 2 \\ 0 & -2 & 3 & 1 & 0 \\ 0 & -4 & -1 & 4 & 0 \\ 0 & 2 & 3 & 5 & 0 \end{vmatrix}=$ ________ .

28. 设 $\boldsymbol{A}$，$\boldsymbol{B}$ 是 3 阶方阵，已知 $|\boldsymbol{A}|=-1$，$|\boldsymbol{B}|=2$，则 $\begin{vmatrix} 2\boldsymbol{A} & \boldsymbol{A} \\ 0 & -\boldsymbol{B} \end{vmatrix}=$ ________.

★ 29. 设 $\boldsymbol{A}=\begin{bmatrix} 1 & -2 \\ 0 & 1 \end{bmatrix}$，$g(x)=\begin{vmatrix} x & -1 \\ -3 & x+2 \end{vmatrix}$，则 $g(\boldsymbol{A})=$ ________.

30. 设 $\boldsymbol{\alpha}$，$\boldsymbol{\beta}$，$\boldsymbol{\gamma}$ 为 3 维列向量，记矩阵 $\boldsymbol{A}=(\boldsymbol{\alpha},\boldsymbol{\beta},\boldsymbol{\gamma})$，$\boldsymbol{B}=(\boldsymbol{\alpha}+\boldsymbol{\beta},\boldsymbol{\beta}+\boldsymbol{\gamma},\boldsymbol{\gamma}+\boldsymbol{\alpha})$，若 $|\boldsymbol{A}|=3$，则 $|\boldsymbol{B}|=$ ________.

★ 31. 已知 3 阶矩阵 $\boldsymbol{A}$ 的行列式 $\det(\boldsymbol{A})=3$，则 $\det((3\boldsymbol{A})^{-1}-\boldsymbol{A}^*)=$ ________.

★ 32. 设 $\boldsymbol{A}_1$ 是 m 阶矩阵，$\boldsymbol{A}_2$ 是 n 阶矩阵，则 $|\boldsymbol{A}|=\begin{vmatrix} \boldsymbol{O} & \boldsymbol{A}_1 \\ \boldsymbol{A}_2 & \boldsymbol{O} \end{vmatrix}=$ ________.

33. 设 $D=\begin{vmatrix} 4 & 3 & 6 \\ 5 & 2 & 1 \\ 7 & 9 & 8 \end{vmatrix}$，则元素 a_{32} 的余子式 $M_{32}=$ ________，代数余子式 $A_{32}=$ ________.

34. 如果行列式 $D=\begin{vmatrix} 2 & a & 5 \\ 1 & -4 & 3 \\ 3 & 2 & -1 \end{vmatrix}$ 中第 2 行第 1 列的代数余子式 $A_{21}=5$，则 $a=$ ________.

35. 排列 n，$n-1$，…，2，1 的逆序数是______；五阶行列式有一项是 $a_{32}a_{25}a_{44}a_{53}a_{11}$，它的符号是________ .

三、选择题

36. 设 $\boldsymbol{A}$，$\boldsymbol{B}$ 为 n 阶方阵，满足等式 $\boldsymbol{AB}=\boldsymbol{O}$，则必有(　　).

(A) $\boldsymbol{A}=\boldsymbol{O}$ 或 $\boldsymbol{B}=\boldsymbol{O}$

(B) $\boldsymbol{A}+\boldsymbol{B}=\boldsymbol{O}$

(C) $|\boldsymbol{A}|=0$ 或 $|\boldsymbol{B}|=0$

(D) $|\boldsymbol{A}|+|\boldsymbol{B}|=0$

37. 设 $\boldsymbol{A}$ 为 n 阶矩阵，且 $|\boldsymbol{A}|=2$，则 $||\boldsymbol{A}|\boldsymbol{A}^{\mathrm{T}}|=$ (　　).

(A) 2^n　　(B) 2^{n-1}

(C) 2^{n+1}　　(D) 4

38. 若行列式 $\begin{vmatrix} 1 & 2 & 5 \\ 1 & 3 & -2 \\ 2 & 5 & x \end{vmatrix} = 0$，则 $x =$（　　）.

(A) 2　　(B) -2

(C) 3　　(D) -3

39. 方程 $\begin{vmatrix} 1 & x & x^2 \\ 1 & 2 & 4 \\ 1 & 3 & 9 \end{vmatrix} = 0$ 根的个数是（　　）.

(A) 0　　(B) 1

(C) 2　　(D) 3

★ 40. 方程 $\begin{vmatrix} 1 & 1 & 1 & 1 \\ 1 & -2 & 2 & x \\ 1 & 4 & 4 & x^2 \\ 1 & -8 & 8 & x^3 \end{vmatrix} = 0$ 的根为（　　）.

(A) 1，2，3　　(B) 1，2，-2

(C) 0，1，2　　(D) 1，-1，2

41. 下列构成六阶行列式展开式的各项中，取“+”的有（　　）.

(A) $a_{15}a_{23}a_{32}a_{44}a_{51}a_{66}$

(B) $a_{11}a_{26}a_{32}a_{44}a_{53}a_{65}$

(C) $a_{21}a_{53}a_{16}a_{42}a_{65}a_{34}$

(D) $a_{51}a_{32}a_{13}a_{44}a_{65}a_{26}$

★ 42. $\begin{vmatrix} a^2 & (a+1)^2 & (a+2)^2 & (a+3)^2 \\ b^2 & (b+1)^2 & (b+2)^2 & (b+3)^2 \\ c^2 & (c+1)^2 & (c+2)^2 & (c+3)^2 \\ d^2 & (d+1)^2 & (d+2)^2 & (d+3)^2 \end{vmatrix} =$（　　）.

(A) 8　　(B) 2

(C) 0　　(D) -6

43. 若 $|A| = \begin{vmatrix} -1 & 0 & x & 1 \\ 1 & 1 & -1 & -1 \\ 1 & -1 & 1 & -1 \\ 1 & -1 & -1 & 1 \end{vmatrix}$，则 $|A|$ 中 x 的一次项系数是（　　）.

(A) 1　　(B) -1

(C) 4　　(D) -4

44. 4 阶行列式 $\begin{vmatrix} a_1 & 0 & 0 & b_1 \\ 0 & a_2 & b_2 & 0 \\ 0 & b_3 & a_3 & 0 \\ b_4 & 0 & 0 & a_4 \end{vmatrix}$ 的值等于（　　）.

(A) $a_1a_2a_3a_4 - b_1b_2b_3b_4$　　(B) $(a_1a_2 - b_1b_2)(a_3a_4 - b_3b_4)$

(C) $a_1a_2a_3a_4 + b_1b_2b_3b_4$　　(D) $(a_2a_3 - b_2b_3)(a_1a_4 - b_1b_4)$

45. 如果 $\begin{vmatrix} a_{11} & a_{12} \\ a_{21} & a_{22} \end{vmatrix} = 1$，则方程组 $\begin{cases} a_{11}x_1 - a_{12}x_2 + b_1 = 0 \\ a_{21}x_1 - a_{22}x_2 + b_2 = 0 \end{cases}$ 的解是（　　）.

(A) $x_1 = \begin{vmatrix} b_1 & a_{12} \\ b_2 & a_{22} \end{vmatrix}$，$x_2 = \begin{vmatrix} a_{11} & b_1 \\ a_{21} & b_2 \end{vmatrix}$

(B) $x_1 = -\begin{vmatrix} b_1 & a_{12} \\ b_2 & a_{22} \end{vmatrix}$，$x_2 = \begin{vmatrix} a_{11} & b_1 \\ a_{21} & b_2 \end{vmatrix}$

(C) $x_1 = \begin{vmatrix} -b_1 & -a_{12} \\ -b_2 & -a_{22} \end{vmatrix}$，$x_2 = \begin{vmatrix} -a_{11} & -b_1 \\ -a_{21} & -b_2 \end{vmatrix}$

(D) $x_1 = \begin{vmatrix} -b_1 & -a_{12} \\ -b_2 & -a_{22} \end{vmatrix}$，$x_2 = -\begin{vmatrix} -a_{11} & -b_1 \\ -a_{21} & -b_2 \end{vmatrix}$

46. 以下结论正确的是（　　）.

(A) 若方阵 $\boldsymbol{A}$ 的行列式 $|\boldsymbol{A}| = 0$，则 $\boldsymbol{A} = \boldsymbol{0}$

(B) 若 $\boldsymbol{A}^2 = 0$，则 $\boldsymbol{A} = \boldsymbol{0}$

(C) 若 $\boldsymbol{A}$ 为对称矩阵，则 $\boldsymbol{A}^2$ 也是对称矩阵

(D) 对任意的同阶方阵 $\boldsymbol{A}$，$\boldsymbol{B}$ 有 $(\boldsymbol{A}+\boldsymbol{B})(\boldsymbol{A}-\boldsymbol{B}) = \boldsymbol{A}^2 - \boldsymbol{B}^2$

47. 若三阶行列式 D 的第三行的元素依次为 1、2、3，它们的余子式分别为 2、3、4，则 $D=$（　　）.

(A) -8　　(B) 8

(C) -20　　(D) 20

48. 设 $|\boldsymbol{A}|$ 是四阶行列式，且 $|\boldsymbol{A}| = -2$，则 $||\boldsymbol{A}|\boldsymbol{A}| =$（　　）.

(A) 4　　(B) 8

(C) 2^5　　(D) -2^5

49. 满足下列条件的行列式不一定为零的是（　　）.

(A) 行列式的转置行列式刚好等于自己

(B) 行列式中有两行(列)元素完全相同

(C) 行列式中有两行(列)元素成比例

(D) 行列式中零元素的个数大于 $n^2 - n$ 个

50. 设行列式 $\begin{vmatrix} a_{11} & a_{12} \\ a_{21} & a_{22} \end{vmatrix} = m$，$\begin{vmatrix} a_{13} & a_{11} \\ a_{23} & a_{21} \end{vmatrix} = n$，则行列式 $\begin{vmatrix} a_{11} & a_{12} + a_{13} \\ a_{21} & a_{22} + a_{23} \end{vmatrix}$ 等于（　　）.

(A) $m+n$　　(B) $-(m+n)$

(C) $n-m$　　(D) $m-n$

★ 51. 设 $\boldsymbol{A}$ 为 n 阶方阵，则 $|\boldsymbol{A}|=0$ 的必要条件是（　　）.

(A) $\boldsymbol{A}$ 的两行(或列)元素对应成比例

(B) $\boldsymbol{A}$ 中必有一行为其余行的线性组合

(C) $\boldsymbol{A}$ 中有一行元素全为零

(D) 任一行为其余行的线性组合

第四章　相似矩阵与二次型

一、计算和证明题

★ 1. 求矩阵的特征值与特征向量 $\boldsymbol{A}=\begin{bmatrix}1&2&3\\2&1&3\\3&3&6\end{bmatrix}$.

★ 2. 求矩阵的特征值与特征向量 $\boldsymbol{A}=\begin{bmatrix}3&2&2&2\\2&3&2&2\\2&2&3&2\\2&2&2&3\end{bmatrix}$.

★ 3. 设 n 阶方阵 $\boldsymbol{A}$ 满足 $\boldsymbol{A}^2=\boldsymbol{A}$，

(1) 求矩阵 $\boldsymbol{A}$ 的特征值；

(2) 证明 $\boldsymbol{E}+\boldsymbol{A}$ 为可逆矩阵.

4. 若矩阵 $\boldsymbol{A}$ 与 $\boldsymbol{B}$ 相似，$\boldsymbol{C}$ 与 $\boldsymbol{D}$ 相似，证明 $\begin{bmatrix}\boldsymbol{A} & \boldsymbol{O}\\ \boldsymbol{O} & \boldsymbol{C}\end{bmatrix}$ 与 $\begin{bmatrix}\boldsymbol{B} & \boldsymbol{O}\\ \boldsymbol{O} & \boldsymbol{D}\end{bmatrix}$ 相似.

★ 5. 已知 3 阶方阵的特征值为 1，1，2，求 $|\boldsymbol{A}-\boldsymbol{E}|$，$|\boldsymbol{A}+2\boldsymbol{E}|$，$|\boldsymbol{A}^2+2\boldsymbol{A}-3\boldsymbol{E}|$．

★ 6. 设 $\boldsymbol{A}=\begin{bmatrix}-2 & 1 & 1\\ 0 & 2 & 0\\ -4 & 1 & 3\end{bmatrix}$，求 $\boldsymbol{A}^{100}$．

★ 7. 设方阵 $\boldsymbol{A}=\begin{bmatrix}1 & -2 & -4\\ -2 & x & -2\\ -4 & -2 & 1\end{bmatrix}$ 与 $\boldsymbol{B}=\begin{bmatrix}5 & & \\ & y & \\ & & -4\end{bmatrix}$ 相似，求 x，y 的值.

★ 8. 设方阵 $\boldsymbol{A}=\begin{bmatrix}1 & a & 1\\ a & 1 & b\\ 1 & b & 1\end{bmatrix}$ 与 $\boldsymbol{\Lambda}=\begin{bmatrix}0 & & \\ & 1 & \\ & & 2\end{bmatrix}$ 相似，求：

(1) a，b 的值；

(2) 可逆矩阵 $\boldsymbol{P}$ 使得 $\boldsymbol{P}^{-1}\boldsymbol{A}\boldsymbol{P}=\boldsymbol{\Lambda}$.

★ 9. 已知矩阵 $\boldsymbol{A}=\begin{bmatrix} 2 & -1 & -1 \\ -1 & 2 & -1 \\ -1 & -1 & 2 \end{bmatrix}$，求正交矩阵 $\boldsymbol{Q}$，使得 $\boldsymbol{Q}^{-1}\boldsymbol{A}\boldsymbol{Q}$ 为对角矩阵.

10. 已知 n 阶可逆矩阵 $\boldsymbol{A}$ 的全部特征值为 λ_1，λ_2，…，λ_n，求 $\boldsymbol{E}-\boldsymbol{A}^*$ 的全部特征值及 $|\boldsymbol{E}-\boldsymbol{A}^*|$.

★ 11. 设 3 阶实对称矩阵 $\boldsymbol{A}$ 的特征值为 6，3，3，特征值 6 对应的特征向量为 $\boldsymbol{x}_1=(1,1,1)^{\mathrm{T}}$，求矩阵 $\boldsymbol{A}$.

★ 12. 设 λ_1，λ_2 是矩阵 $\boldsymbol{A}$ 的两个不同特征值，$\boldsymbol{x}_1$，$\boldsymbol{x}_2$ 分别为其对应的特征向量，证明 $\boldsymbol{x}_1+\boldsymbol{x}_2$ 不是 $\boldsymbol{A}$ 的特征向量.

13. 设$\boldsymbol{A}=\begin{bmatrix} 2 & -1 & 2 \\ 5 & b & 3 \\ -1 & 0 & -2 \end{bmatrix}$，已知$|\boldsymbol{A}|=-1$，$\boldsymbol{A}$的伴随矩阵$\boldsymbol{A}^*$的特征值$\lambda_0$对应的特征向量为$\boldsymbol{\alpha}=(-1,-1,1)^{\mathrm{T}}$，求$\lambda_0$和$b$的值.

★ 14. 设n阶方阵$\boldsymbol{A}$有n个互不相同的特征值，证明$\boldsymbol{AB}=\boldsymbol{BA}$的充分必要条件是$\boldsymbol{A}$的任意一个特征向量都是$\boldsymbol{B}$的特征向量.

★ 15. 已知 $\boldsymbol{\alpha}=(a_1, a_2, \cdots, a_n)^{\mathrm{T}}$，$\boldsymbol{\beta}=(b_1, b_2, \cdots, b_n)^{\mathrm{T}}$ 均为非零向量，且 $\boldsymbol{\alpha}^{\mathrm{T}}\boldsymbol{\beta}=0$，$\boldsymbol{A}=\boldsymbol{\alpha}\boldsymbol{\beta}^{\mathrm{T}}$，试求：

(1) $\boldsymbol{A}^2$；

(2) $\boldsymbol{A}$ 的特征值与特征向量；

(3) 证明 $\boldsymbol{A}$ 不可对角化.

16. 将二次型 $f(x_1, x_2, x_3)=x_1^2+2x_2^2-2x_3^2-4x_1x_2-4x_2x_3$ 表示为矩阵形式并求其秩.

17. 设 $\boldsymbol{A}$ 为 n 阶实对称矩阵，证明：如果对任意 n 维列向量 $\boldsymbol{x}$，都有 $\boldsymbol{x}^{\mathrm{T}}\boldsymbol{A}\boldsymbol{x}=0$，则 $\boldsymbol{A}=\boldsymbol{O}$.

★ 18. 用正交变换化二次型 $f(x_1, x_2, x_3)=2x_1^2+x_2^2+2x_3^2-4x_1x_3$ 为标准形，并求所用的正交变换.

19. 用配方法化二次型 $f(x_1, x_2, x_3) = 2x_1^2 + x_2^2 + 2x_3^2 - 4x_1x_3$ 为标准形.

★ 20. 已知二次型 $f(x_1, x_2, x_3) = 3x_1^2 + 2x_2^2 + 3x_3^2 + 2ax_1x_3\ (a > 0)$ 通过正交变换化成标准形 $f = y_1^2 + 2y_2^2 + 5y_3^2$，求参数 a 及所用的正交变换.

★ 21. 已知二次型 $f(x_1, x_2, x_3)=x_1^2+x_2^2+x_3^2+2ax_1x_2+2bx_2x_3+2x_1x_3$ 经正交变换化为标准形 $f=y_2^2+2y_3^2$，试求参数 a，b 及所用的正交变换.

22. 已知二次曲面方程 $x_1^2+ax_2^2+x_3^2+2bx_1x_2+2x_2x_3+2x_1x_3=1$ 经正交变换 $\boldsymbol{x}=\boldsymbol{Q}\boldsymbol{y}$ 化为椭圆柱面方程 $y_2^2+4y_3^2=1$，试求参数 a，b 及所用的正交变换矩阵 $\boldsymbol{Q}$.

23. 讨论当 t 取何值时，矩阵 $\mathbf{A}=\begin{bmatrix}1 & t & 1\\ t & 2 & 0\\ 1 & 0 & 1-t\end{bmatrix}$ 是正定的.

24. 若实二次型 $x_1^2+2x_2^2+x_3^2+2x_1x_2+2tx_2x_3$ 是正定二次型，求 t 的取值范围.

★ 25. 设二次型 $f(x, y, z) = x^2 + y^2 + z^2 - xy - yz - xz$，求：

(1) 一个正交变换，将 f 化为标准形，并求 $f = a^2$ 表示什么曲面；

(2) 平面 $x + y + z = b$ 被 $f = a^2$ 所截下部分的面积.

26. 设 $\boldsymbol{A}$ 为 n 阶正定矩阵，证明 $|\boldsymbol{A} + \boldsymbol{E}| > 1$.

27. 设 $\boldsymbol{A}$ 为正定矩阵，证明 $\boldsymbol{A}^{-1}$，$\boldsymbol{A}^{*}$，$\boldsymbol{A}^{m}$（m 为正整数）均为正定矩阵.

28. 设 $\boldsymbol{A}$ 为 $m \times n$ 阶实矩阵，$R(\boldsymbol{A}) = n$，证明 $\boldsymbol{A}^{\mathrm{T}}\boldsymbol{A}$ 是正定矩阵.

★ 29. 设 $\boldsymbol{A}$ 为 $m\times n$ 阶实矩阵，$\boldsymbol{B}=\lambda\boldsymbol{E}+\boldsymbol{A}^{\mathrm{T}}\boldsymbol{A}$，证明：当 $\lambda>0$ 时，$\boldsymbol{B}$ 为正定矩阵.

★ 30. 设 $f=\boldsymbol{x}^{\mathrm{T}}\boldsymbol{A}\boldsymbol{x}$ 为 n 元实二次型，$\lambda_1\leqslant\lambda_2\leqslant\cdots\leqslant\lambda_n$ 是 $\boldsymbol{A}$ 的 n 个特征值，证明 $\forall\,\boldsymbol{x}\neq 0$ 都有

$$\lambda_1\leqslant\frac{\boldsymbol{x}^{\mathrm{T}}\boldsymbol{A}\boldsymbol{x}}{\boldsymbol{x}^{\mathrm{T}}\boldsymbol{x}}\leqslant\lambda_n$$

二、填空题

31. 若 n 阶方阵 $\boldsymbol{A}$ 满足 $\boldsymbol{A}^2=\boldsymbol{E}$，则 $\boldsymbol{A}$ 的特征值为__________.

32. 若 n 阶方阵 $\boldsymbol{A}$ 满足 $\boldsymbol{A}^2=\boldsymbol{A}$，则 $\boldsymbol{A}$ 的特征值 为__________.

33. 若 n 阶方阵 $\boldsymbol{A}$ 满足 $\boldsymbol{A}^2-2\boldsymbol{A}=3\boldsymbol{E}$，则 $\boldsymbol{A}$ 的特征值为__________.

34. 已知矩阵 $\boldsymbol{A}$ 的行列式 $|\boldsymbol{A}|=3$，且 $\boldsymbol{A}$ 有一个特征值为 5，则矩阵 $\boldsymbol{A}^{-1}$ 有特征值________；矩阵 $\boldsymbol{A}^*$ 有特征值________.

★ 35. 设 n 阶矩阵 $\boldsymbol{A}$ 的所有元素都为 2，则矩阵 $\boldsymbol{A}$ 的特征值为______________.

★ 36. $\boldsymbol{A}$ 为 2 阶矩阵，且 $\boldsymbol{\alpha}_1$，$\boldsymbol{\alpha}_2$ 为 2 维线性无关列向量，$\boldsymbol{A\alpha}_1=0$，$\boldsymbol{A\alpha}_2=2\boldsymbol{\alpha}_1+\boldsymbol{\alpha}_2$，则 $\boldsymbol{A}$ 的特征值为____________.

★ 37. 设 n 阶矩阵 $\boldsymbol{A}$ 的特征值互不相同，且 $|\boldsymbol{A}|=0$。那么 $R(\boldsymbol{A})=$____________.

38. 已知 3 阶矩阵 $\boldsymbol{A}$ 的特征值为 1，3，-2，则 $|\boldsymbol{A}^2+2\boldsymbol{A}-5\boldsymbol{E}|=$__________.

★ 39. 已知 4 阶矩阵 $\boldsymbol{A}$ 满足：$R(3\boldsymbol{E}+\boldsymbol{A})=1$，则 -3 是 $\boldsymbol{A}$ 的__________ 重特征值.

★ 40. 已知 $\boldsymbol{\alpha}$ 是实对称阵 $\boldsymbol{A}$ 的属于特征值 3 的特征向量，则矩阵 $\boldsymbol{P}^{-1}\boldsymbol{AP}$ 属于特征值 3 的特征向量是________________.

★ 41. 设实二次型 $f(x_1, x_2, x_3, x_4, x_5)$ 的秩为 4，正惯性指数为 3，则其规范形为____________.

42. 二次型 $f(x)=\boldsymbol{x}^{\mathrm{T}}\boldsymbol{Ax}$ 通过正交变换 $\boldsymbol{x}=\boldsymbol{Qy}$ 化为标准形 $y_1^2+2y_2^2+3y_3^2$，则二次型 $g(\boldsymbol{x})=\boldsymbol{x}^{\mathrm{T}}\boldsymbol{A}^{-1}\boldsymbol{x}$ 经过正交变换 $\boldsymbol{x}=\boldsymbol{Qy}$ 将化为标准形______________________.

43. 已知 $\boldsymbol{A}$ 为 n 阶实对称矩阵，$\boldsymbol{A}$ 的特征值分别为 $\frac{1}{n}$，$\frac{2}{n}$，…，1，则当 λ__________ 时

$\boldsymbol{A}-\lambda\boldsymbol{E}$ 为正定矩阵.

44. 设 $\boldsymbol{A}$ 是实对称矩阵，将二次型 $f(\boldsymbol{x})=\boldsymbol{x}^{\mathrm{T}}\boldsymbol{A}\boldsymbol{x}$ 化为 $f(\boldsymbol{y})=\boldsymbol{y}^{\mathrm{T}}\boldsymbol{A}^{-1}\boldsymbol{y}$ 的线性变换为__________.

★ 45. 设 $f=x_1^2+x_2^2+5x_3^2+2tx_1x_2-2x_1x_3+4x_2x_3$ 为正定二次型，则 t 的取值______.

三、选择题

46. 已知 $\boldsymbol{A}$ 为 n 阶可逆阵，则与 $\boldsymbol{A}$ 必有相同特征值的矩阵是(　　).

(A) $\boldsymbol{A}^{-1}$　　(B) $\boldsymbol{A}^2$

(C) $\boldsymbol{A}^{\mathrm{T}}$　　(D) $\boldsymbol{A}^*$

47. 设 λ_0 是矩阵 $\boldsymbol{A}$ 的特征方程的 3 重根，$\boldsymbol{A}$ 的属于 λ_0 的线性无关的特征向量的个数为 k，则必有(　　).

(A) $k\leqslant 3$　　(B) $k<3$

(C) $k=3$　　(D) $k>3$

48. 设 $\boldsymbol{A}$ 为 n 阶矩阵，则以 0 为特征值是 $|\boldsymbol{A}|=0$ 的(　　).

(A) 充分必要条件　　(B) 必要而非充分条件

(C) 充分而非必要条件　　(D) 既非充分也非必要条件

49. 设 $\boldsymbol{A}$ 为 3 阶实对称矩阵，$\boldsymbol{A}$ 的全部特征值为 0，1，1，则齐次线性方程组 $(\boldsymbol{E}-\boldsymbol{A})\boldsymbol{x}=0$ 的基础解系所含解向量的个数为(　　).

(A) 0　　(B) 1

(C) 2　　(D) 3

50. 已知 $\boldsymbol{A}$ 是 4 阶矩阵，且 $R(3\boldsymbol{E}-\boldsymbol{A})=2$，则 $\lambda=3$ 是 $\boldsymbol{A}$ 的(　　).

(A) 一重特征值　　(B) 二重特征值

(C) 至少是二重特征值　　(D) 至多是二重特征值

51. 若 $\boldsymbol{A}$ 与 $\boldsymbol{B}$ 相似，则(　　).

(A) $\boldsymbol{A}$ 与 $\boldsymbol{B}$ 都相似于对角阵

(B) $\boldsymbol{A}$ 与 $\boldsymbol{B}$ 有相同的特征值与特征向量

(C) $\boldsymbol{A}$、$\boldsymbol{B}$ 有相同的特征方程

(D) $\boldsymbol{A}-\lambda\boldsymbol{E}=\boldsymbol{B}-\lambda\boldsymbol{E}$

★ 52. 已知三阶方阵 $\boldsymbol{A}$ 的特征值为 1，-1，2，则只有 0 解的方程是(　　).

(A) $(\boldsymbol{A}+\boldsymbol{E})\boldsymbol{x}=0$　　(B) $(\boldsymbol{A}-\boldsymbol{E})\boldsymbol{x}=0$

(C) $(\boldsymbol{A}+2\boldsymbol{E})\boldsymbol{x}=0$　　(D) $(\boldsymbol{A}-2\boldsymbol{E})\boldsymbol{x}=0$

★ 53. 若 $\boldsymbol{A}$ 与 $\boldsymbol{B}$ 相似，则以下不成立的是(　　).

(A) $\boldsymbol{A}$ 与 $\boldsymbol{B}$ 有相同的特征值

(B) $\boldsymbol{A}$ 与 $\boldsymbol{B}$ 有相同的特征向量

(C) $\boldsymbol{A}$ 与 $\boldsymbol{B}$ 等价

(D) $\boldsymbol{A}$ 与 $\boldsymbol{B}$ 的行列式相等

54. λ_1，λ_2 都是 n 阶矩阵 $\boldsymbol{A}$ 的特征值，$\lambda_1 \neq \lambda_2$，且 $\boldsymbol{x}_1$ 和 $\boldsymbol{x}_2$ 分别是对应于 λ_1 和 λ_2 的特征向量，当 k_1，k_2 满足何条件时，$\boldsymbol{x} = k_1\boldsymbol{x}_1 + k_2\boldsymbol{x}_2$ 必是矩阵 $\boldsymbol{A}$ 的特征向量(　　).

(A) $k_1=0$ 且 $k_2=0$　　(B) $k_1\neq 0$，$k_2\neq 0$

(C) $k_1k_2\neq 0$　　(D) $k_1\neq 0$ 而 $k_2=0$

55. 设 n 阶矩阵 $\boldsymbol{A}$ 与 $\boldsymbol{B}$ 合同，则(　　).

(A) $|\boldsymbol{A}|=|\boldsymbol{B}|$

(B) $\boldsymbol{A}$ 与 $\boldsymbol{B}$ 的特征值相同

(C) $R(\boldsymbol{A})=R(\boldsymbol{B})$

(D) $\boldsymbol{A}$ 与 $\boldsymbol{B}$ 相似

★ 56. 设 $\boldsymbol{A}$，$\boldsymbol{B}$ 为 n 阶矩阵，那么(　　).

(A) 若 $\boldsymbol{A}$，$\boldsymbol{B}$ 合同，则 $\boldsymbol{A}$，$\boldsymbol{B}$ 相似

(B) 若 $\boldsymbol{A}$，$\boldsymbol{B}$ 相似，则 $\boldsymbol{A}$，$\boldsymbol{B}$ 等价

(C) 若 $\boldsymbol{A}$，$\boldsymbol{B}$ 等价，则 $\boldsymbol{A}$，$\boldsymbol{B}$ 合同

(D) 若 $\boldsymbol{A}$，$\boldsymbol{B}$ 相似，则 $\boldsymbol{A}$，$\boldsymbol{B}$ 合同

★ 57. 设 $\boldsymbol{A}$ 是 n 阶正定矩阵，则下列结论不正确的是(　　).

(A) 二次型 $\boldsymbol{x}^{\mathrm{T}}\boldsymbol{A}\boldsymbol{x}$ 的负惯性指数为 0

(B) $R(\boldsymbol{A})<n$

(C) $\boldsymbol{A}$ 合同于 $\boldsymbol{E}$

(D) $|\boldsymbol{A}|>0$

★ 58. 若 $\boldsymbol{A}$ 为 n 阶实对称矩阵，且二次型 $f(x_1, x_2, \cdots, x_n) = \boldsymbol{x}^{\mathrm{T}}\boldsymbol{A}\boldsymbol{x}$ 正定，则下列结论不正确的是(　　).

(A) $\boldsymbol{A}$ 的特征值全为正

(B) $\boldsymbol{A}$ 的一切顺序主子式全为正

(C) $\boldsymbol{A}$ 的主对角线上的元素全为正

(D) 对一切 n 维列向量 $\boldsymbol{x}$，$\boldsymbol{x}^{\mathrm{T}}\boldsymbol{A}\boldsymbol{x}$ 全为正

59. 设 $\boldsymbol{A}$，$\boldsymbol{B}$ 都是 n 阶实对称矩阵，则 $\boldsymbol{A}$ 与 $\boldsymbol{B}$ 合同的充分必要条件是(　　).

(A) $\boldsymbol{A}$ 与 $\boldsymbol{B}$ 都与对角矩阵合同

(B) $\boldsymbol{A}$ 与 $\boldsymbol{B}$ 的秩相同

(C) $\boldsymbol{A}$ 与 $\boldsymbol{B}$ 的特征值相同

(D) $\boldsymbol{A}$ 与 $\boldsymbol{B}$ 的正、负惯性指数都相同

60. n 阶实对称矩阵 $\boldsymbol{A}$ 为正定矩阵的充分必要条件是(　　).

(A) $\boldsymbol{A}$ 的所有 k 级子式都为正

(B) $\boldsymbol{A}$ 的所有特征值都不为负

(C) $\boldsymbol{A}^{-1}$ 为正定矩阵

(D) $R(\boldsymbol{A})=n$

参考答案

第二章　行列式与线性方程组

行列式思维导图

一、计算和证明题

1. D_4 展开式中含 x^3 项有

$$(-1)^{\tau(2134)}\cdot x\cdot 1\cdot x\cdot 2x+(-1)^{\tau(4231)}\cdot x\cdot x\cdot x\cdot 3$$
$$=-2x^3+(-3x^3)$$
$$=-5x^3$$

2-1

D_4 展开式中含 x^4 项有

$$(-1)^{\tau(1234)}\cdot 2x\cdot x\cdot x\cdot 2x=10x^4$$

2. $$\begin{vmatrix} a & -1 & 0 & 0 \\ 1 & b & -1 & 0 \\ 0 & 1 & c & -1 \\ 0 & 0 & 1 & d \end{vmatrix}=a\begin{vmatrix} b & -1 & 0 \\ 1 & c & -1 \\ 0 & 1 & d \end{vmatrix}+(-1)^2\begin{vmatrix} 1 & -1 & 0 \\ 0 & c & -1 \\ 0 & 1 & d \end{vmatrix}$$
$$=a\left[b\begin{vmatrix} c & -1 \\ 1 & d \end{vmatrix}+\begin{vmatrix} 1 & -1 \\ 0 & d \end{vmatrix}\right]+cd+1$$
$$=abcd+ab+ad+cd+1$$

3. $$\begin{vmatrix} ab & -ac & -ae \\ -bd & cd & -de \\ -bf & -cf & -ef \end{vmatrix}=abcdef\begin{vmatrix} 1 & -1 & -1 \\ -1 & 1 & -1 \\ -1 & -1 & -1 \end{vmatrix}$$
$$=-4abcdef$$

4. $(-1)^{n+1}\dfrac{(n+1)!}{2}$

2-4

5. $$D\overset{r_{i+1}+r_i}{\underset{i=1,2,\cdots,n}{=}}\begin{vmatrix} -a_1 & 0 & \cdots & 0 \\ 0 & -a_2 & \cdots & 0 \\ \vdots & \vdots & \vdots & \vdots \\ 1 & 2 & \cdots & n+1 \end{vmatrix}=(-1)^n(n+1)\prod_{i=1}^{n}a_i$$

6. 将 D 的各列全部加到第一列，再将第一列的公因子提出，可得

$$D=\left(1+\sum_{i=1}^{n}a_i\right)\begin{vmatrix}1 & a_2 & \cdots & a_{n-1} & 1+a_n\\ 1 & a_2 & \cdots & 1+a_{n-1} & a_n\\ \vdots & \vdots & \vdots & \vdots & \vdots\\ 1 & 1+a_2 & \cdots & a_{n-1} & a_n\\ 1 & a_2 & \cdots & a_{n-1} & a_n\end{vmatrix}$$

2-6

$$=\left(1+\sum_{i=1}^{n}a_i\right)\begin{vmatrix}1 & 0 & \cdots & 0 & 1\\ 1 & 0 & \cdots & 1 & 0\\ \vdots & \vdots & \vdots & \vdots & \vdots\\ 1 & 1 & \cdots & 0 & 0\\ 1 & 0 & \cdots & 0 & 0\end{vmatrix}=(-1)^{\frac{n(n-1)}{2}}\left(1+\sum_{i=1}^{n}a_i\right)$$

7. 将第 3 行乘以 -1 加到其他所有行中得

$$D_n=\begin{vmatrix}-2 & & & & & \\ & -1 & & & & \\ 3 & 3 & 3 & 3 & \cdots & 3\\ & & & 1 & & \\ & & & & \ddots & \\ & & & & & n-3\end{vmatrix}=6(n-3)!$$

2-7

8. $\boldsymbol{B}=(\boldsymbol{\alpha}_1+\boldsymbol{\alpha}_2,\boldsymbol{\alpha}_2+\boldsymbol{\alpha}_3,\cdots,\boldsymbol{\alpha}_n+\boldsymbol{\alpha}_1)$

$$=(\boldsymbol{\alpha}_1,\boldsymbol{\alpha}_2,\cdots,\boldsymbol{\alpha}_n)\begin{bmatrix}1 & 0 & 0 & \cdots & 0 & 1\\ 1 & 1 & 0 & \cdots & 0 & 0\\ 0 & 1 & 1 & \cdots & 0 & 0\\ \vdots & \vdots & \ddots & \ddots & \vdots & \vdots\\ 0 & 0 & 0 & \cdots & 1 & 0\\ 0 & 0 & 0 & \cdots & 1 & 1\end{bmatrix}=\boldsymbol{A}P$$

2-8

其中，$|P|=\begin{vmatrix}1 & 0 & 0 & \cdots & 0 & 1\\ 1 & 1 & 0 & \cdots & 0 & 0\\ 0 & 1 & 1 & \cdots & 0 & 0\\ \vdots & \vdots & \ddots & \ddots & \vdots & \vdots\\ 0 & 0 & 0 & \cdots & 1 & 0\\ 0 & 0 & 0 & \cdots & 1 & 1\end{vmatrix}=1+(-1)^{n+1}=\begin{cases}2, & n\text{ 为奇数}\\ 0, & n\text{ 为偶数}\end{cases}$

故 $|\boldsymbol{B}|=\begin{cases}2006\ (n\text{ 为奇数})\\ 0\ (n\text{ 为偶数})\end{cases}$

9. $D_n\xlongequal[\substack{c_1+c_3\\ \vdots\\ c_1+c_n}]{c_1+c_2}\begin{vmatrix}3n+1 & 3 & \cdots & 3 & 3\\ 3n+1 & 4 & \cdots & 3 & 3\\ \cdots & \cdots & \cdots & \cdots & \cdots\\ 3n+1 & 3 & \cdots & 4 & 3\\ 3n+1 & 3 & \cdots & 3 & 4\end{vmatrix}$

2-9

$$\xlongequal[\substack{r_3-r_1\\ \vdots\\ r_n-r_1}]{r_2-r_1}\begin{vmatrix}3n+1 & 3 & \cdots & 3 & 3\\ 0 & 1 & \cdots & 0 & 0\\ \cdots & \cdots & \cdots & \cdots & \cdots\\ 0 & 0 & \cdots & 1 & 0\\ 0 & 0 & \cdots & 0 & 1\end{vmatrix}=3n+1$$

10. $$D\xlongequal{r_1+r_2+r_3+r_4}\begin{vmatrix}a & a & a & a\\ -1 & a-1 & -1 & -1\\ 1 & 1 & a+1 & 1\\ -1 & -1 & -1 & a-1\end{vmatrix}$$

$$=a\begin{vmatrix}1 & 1 & 1 & 1\\ -1 & a-1 & -1 & -1\\ 1 & 1 & a+1 & 1\\ -1 & -1 & -1 & a-1\end{vmatrix}$$

$$\xlongequal{\substack{r_2+r_1\\ r_3-r_1\\ r_4+r_1}}a\begin{vmatrix}1 & 1 & 1 & 1\\ 0 & a & 0 & 0\\ 0 & 0 & a & 0\\ 0 & 0 & 0 & a\end{vmatrix}$$

$$=a^4.$$

11. 行列式的各列提取因子 $a_j^{n-1}(j=1,2,\cdots,n)$，然后应用范德蒙行列式，有

$$D_n=(a_1a_2\cdots a_n)^{n-1}\begin{vmatrix}1 & 1 & 1 & \cdots & 1\\ \dfrac{b_1}{a_1} & \dfrac{b_2}{a_2} & \dfrac{b_3}{a_3} & \cdots & \dfrac{b_n}{a_n}\\ \left(\dfrac{b_1}{a_1}\right)^2 & \left(\dfrac{b_2}{a_2}\right)^2 & \left(\dfrac{b_3}{a_3}\right)^2 & & \left(\dfrac{b_n}{a_n}\right)^2\\ \vdots & \vdots & \vdots & & \vdots\\ \left(\dfrac{b_1}{a_1}\right)^{n-1} & \left(\dfrac{b_2}{a_2}\right)^{n-1} & \left(\dfrac{b_3}{a_3}\right)^{n-1} & \cdots & \left(\dfrac{b_n}{a_n}\right)^{n-1}\end{vmatrix}$$

2 - 11

$$=(a_1a_2\cdots a_n)^{n-1}\prod_{1\leqslant j<i\leqslant n}\left(\frac{b_i}{a_i}-\frac{b_j}{a_j}\right)$$

12. $$D\xlongequal[i=2,3,\cdots,n]{c_1-\frac{b}{a_i}c_i}\begin{vmatrix}a_1-\sum\limits_{i=2}^{n}\dfrac{b^2}{a_i} & b & b & & b\\ & a_2 & & & \\ & & a_3 & & \\ & & & \ddots & \\ & & & & a_n\end{vmatrix}$$

2 - 12

$$=\left(a_1-\sum_{i=2}^{n}\frac{b^2}{a_i}\right)\prod_{i=2}^{n}a_i$$

13. 行列式按第 4 行展开

$$D = 1A_{41} + 1A_{42} + 2A_{43} + 2A_{44}$$

所以

$$-A_{41} - A_{42} - 2A_{43} - 2A_{44} = -D = 6$$

2 - 13

14. 因为 $\begin{vmatrix} \lambda & 1 & 1 \\ 1 & \mu & 1 \\ 1 & 2\mu & 1 \end{vmatrix} = 0$，即 $\mu(1-\lambda)=0$，故 $\mu=0$ 或 $\lambda=1$ 时，方程组有非零解.

15. 该齐次线性方程组有非零解，a，b 需满足

$$\begin{vmatrix} 1 & 1 & 1 & a \\ 1 & 2 & 1 & 1 \\ 1 & 1 & -3 & 1 \\ 1 & 1 & a & b \end{vmatrix} = 0$$

即 $(a+1)^2 = 4b$.

16. 根据题意有

$$f(-1) = a_0 - a_1 + a_2 - a_3 = 0$$
$$f(1) = a_0 + a_1 + a_2 + a_3 = 4$$
$$f(2) = a_0 + 2a_1 + 4a_2 + 8a_3 = 3$$
$$f(3) = a_0 + 3a_1 + 9a_2 + 27a_3 = 16$$

这是关于四个未知数 a_0，a_1，a_2，a_3 的一个线性方程组，其系数矩阵的行列式为范德蒙行列式，即

$D = 48$，$D_0 = 336$，$D_1 = 0$，$D_2 = -240$，$D_3 = 96$. 故得 $a_0 = 7$，$a_1 = 0$，$a_2 = -5$，$a_3 = 2$. 于是所求的多项式为 $f(x) = 7 - 5x^2 + 2x^3$.

17. 设平面上的直线方程为 $ax + by + c = 0$ （a，b 不同时为 0），则有

$$\begin{cases} ax_1 + by_1 + c = 0 \\ ax_2 + by_2 + c = 0 \\ ax_3 + by_3 + c = 0 \end{cases}$$

式中 a，b，c 为未知数的三元齐次线性方程组，其有非零解的充分必要条件为

$$\begin{vmatrix} x_1 & y_1 & 1 \\ x_2 & y_2 & 1 \\ x_3 & y_3 & 1 \end{vmatrix} = 0$$

即为三点 (x_1, y_1)，(x_2, y_2)，(x_3, y_3) 位于同一直线上的充分必要条件.

18. $$\begin{vmatrix} a^2 & ab & b^2 \\ 2a & a+b & 2b \\ 1 & 1 & 1 \end{vmatrix} \overset{c_1-c_3}{\underset{c_2-c_3}{=}} \begin{vmatrix} (a+b)(a-b) & b(a-b) & b^2 \\ 2(a-b) & a-b & 2b \\ 0 & 0 & 1 \end{vmatrix}$$

$$= \begin{vmatrix} (a+b)(a-b) & b(a-b) \\ 2(a-b) & a-b \end{vmatrix}$$

$$= (a-b)^2 \begin{vmatrix} a+b & b \\ 2 & 1 \end{vmatrix} = (a-b)^3$$

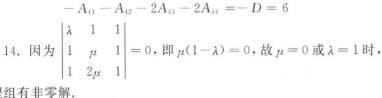

19. 对 D_{2n} 按第一行展开，得

$$D_{2n}=a\begin{vmatrix} a & & & & & b & 0 \\ & \ddots & & & \iddots & & \\ & & a & b & & & \\ & & c & d & & & \\ & \iddots & & & \ddots & & \\ c & & & & & d & 0 \\ 0 & & & & & 0 & d \end{vmatrix}-b\begin{vmatrix} 0 & a & & & & & b \\ & & \ddots & & & \iddots & \\ & & & a & b & & \\ & & & c & d & & \\ & & \iddots & & & \ddots & \\ 0 & c & & & & & d \\ c & 0 & & & & & 0 \end{vmatrix}$$

$$=ad\cdot D_{2(n-1)}-bc\cdot D_{2(n-1)}=(ad-bc)D_{2(n-1)}$$

2-19

据此递推下去，可得

$$\begin{aligned} D_{2n}&=(ad-bc)D_{2(n-1)}=(ad-bc)^2D_{2(n-2)}\\ &=\cdots=(ad-bc)^{n-1}D_2=(ad-bc)^{n-1}(ad-bc)\\ &=(ad-bc)^n \end{aligned}$$

故 $D_{2n}=(ad-bc)^n$.

20. 对行列式的阶数 n 用数学归纳法.

当 $n=2$ 时，可直接验算结论成立，然后假定 $n-1$ 阶行列式结论成立，进而证明阶数为 n 时结论也成立.

按 D_n 的最后一列，把 D_n 拆成两个 n 阶行列式 相加：

$$D_n=\begin{vmatrix} 1+a_1 & 1 & \cdots & 1 & 1 \\ 1 & 1+a_2 & \cdots & 1 & 1 \\ \vdots & \vdots & & \vdots & \vdots \\ 1 & 1 & \cdots & 1 & 1 \end{vmatrix}+\begin{vmatrix} 1+a_1 & 1 & \cdots & 1 & 0 \\ 1 & 1+a_2 & \cdots & 1 & 0 \\ \vdots & \vdots & & \vdots & \vdots \\ 1 & 1 & \cdots & 1+a_{n-1} & 0 \\ 1 & 1 & \cdots & 1 & a_n \end{vmatrix}$$

$$=a_1a_2\cdots a_{n-1}+a_nD_{n-1}$$

但由归纳假设

$$D_{n-1}=a_1a_2\cdots a_{n-1}\left(1+\sum_{i=1}^{n-1}\frac{1}{a_i}\right)$$

从而有

$$\begin{aligned} D_n&=a_1a_2\cdots a_{n-1}+a_na_1a_2\cdots a_{n-1}\left(1+\sum_{i=1}^{n-1}\frac{1}{a_i}\right)\\ &=a_1a_2\cdots a_{n-1}a_n\left(1+\sum_{i=1}^{n}\frac{1}{a_i}\right)=\left(1+\sum_{i=1}^{n}\frac{1}{a_i}\right)\prod_{i=1}^{n}a_i \end{aligned}$$

2-20

二、填空题

21. 24，24

22. $(-1)^{n-1}n!$

23. $a^n+(-1)^{n-1}b^n$

24. 2000

2-22　2-23

25. -2

26. 0

27. -1080

28. 16

29. $\begin{bmatrix} 0 & -8 \\ 0 & 0 \end{bmatrix}$

30. 6

31. $-512/81$

32. $(-1)^{mn}|\boldsymbol{A}_1||\boldsymbol{A}_2|$

33. -26；26

34. -5

35. $\dfrac{n(n-1)}{2}$；正

2-29　2-31

2-32

三、选择题

36. (C)　37. (C)　38. (C)　39. (C)　40. (B)　41. (A)和(D)

42. (C)　43. (D)　44. (D)　45. (B)　46. (C)　47. (B)　48. (D)

49. (A)　50. (D)　51. (B)

2-40　2-42　2-51

第四章　相似矩阵与二次型

相似矩阵与二次型图谱

一、计算和证明题

4-1

1. 因为

$$|\boldsymbol{A}-\lambda\boldsymbol{E}| = \begin{vmatrix} 1-\lambda & 2 & 3 \\ 2 & 1-\lambda & 3 \\ 3 & 3 & 6-\lambda \end{vmatrix}$$

$$=-\lambda(\lambda+1)(\lambda-9)=0$$

所以，$\lambda_1=9$，$\lambda_2=0$，$\lambda_3=-1$．将 λ_i 分别代入 $(\boldsymbol{A}-\lambda_i\boldsymbol{E})\boldsymbol{x}=\boldsymbol{0}$，解之可得

$\lambda_1=9$ 的特征向量为 $\boldsymbol{p}_1=k_1(1,1,2)^{\mathrm{T}}$，$k_1\neq 0$；

$\lambda_2 = 0$ 的特征向量为 $\boldsymbol{p}_2 = k_2(1, 1, -1)^{\mathrm{T}}$，$k_2 \neq 0$；

$\lambda_3 = -1$ 的特征向量为 $\boldsymbol{p}_3 = k_3(1, -1, 0)^{\mathrm{T}}$，$k_3 \neq 0$.

2. 因为

$$|\boldsymbol{A} - \lambda\boldsymbol{E}| = \begin{vmatrix} 3-\lambda & 2 & 2 & 2 \\ 2 & 3-\lambda & 2 & 2 \\ 2 & 2 & 3-\lambda & 2 \\ 2 & 2 & 2 & 3-\lambda \end{vmatrix} = (\lambda-1)^3(\lambda-9) = 0$$

4-2

所以，$\lambda_1 = 9$，$\lambda_2 = \lambda_3 = \lambda_4 = 1$. 将 λ_i 分别代入 $(\boldsymbol{A} - \lambda_i\boldsymbol{E})\boldsymbol{x} = \boldsymbol{0}$，解之可得

$\lambda_1 = 9$ 的特征向量为 $\boldsymbol{p}_1 = k_1(1, 1, 1, 1)^{\mathrm{T}}$，$k_1 \neq 0$；

$\lambda_2 = \lambda_3 = \lambda_4 = 1$ 的特征向量为 $\boldsymbol{p}_2 = k_2(-1, 1, 0, 0)^{\mathrm{T}} + k_3(-1, 0, 1, 0)^{\mathrm{T}} + k_4(-1, 0, 0, 1)^{\mathrm{T}}$，$k_2$，$k_3$，$k_4$ 不同时为 0.

3. (1) 设 $\boldsymbol{A}$ 的特征值为 λ，由 $\boldsymbol{A}^2 = \boldsymbol{A}$ 有 $\lambda^2 = \lambda$，所以 $\lambda = 0, 1$；

(2) $\boldsymbol{E} + \boldsymbol{A}$ 的特征值为 $1 + \lambda = 1, 2$，因无 0 特征值，故 $\boldsymbol{E} + \boldsymbol{A}$ 可逆.

4. 设 $\boldsymbol{B} = \boldsymbol{P}^{-1}\boldsymbol{A}\boldsymbol{P}$，$\boldsymbol{D} = \boldsymbol{Q}^{-1}\boldsymbol{C}\boldsymbol{Q}$，则

$$\begin{bmatrix} \boldsymbol{B} & \boldsymbol{O} \\ \boldsymbol{O} & \boldsymbol{D} \end{bmatrix} = \begin{bmatrix} \boldsymbol{P}^{-1}\boldsymbol{A}\boldsymbol{P} & \boldsymbol{O} \\ \boldsymbol{O} & \boldsymbol{Q}^{-1}\boldsymbol{C}\boldsymbol{Q} \end{bmatrix} = \begin{bmatrix} \boldsymbol{P}^{-1} & \boldsymbol{O} \\ \boldsymbol{O} & \boldsymbol{Q}^{-1} \end{bmatrix}\begin{bmatrix} \boldsymbol{A} & \boldsymbol{O} \\ \boldsymbol{O} & \boldsymbol{C} \end{bmatrix}\begin{bmatrix} \boldsymbol{P} & \boldsymbol{O} \\ \boldsymbol{O} & \boldsymbol{Q} \end{bmatrix} = \begin{bmatrix} \boldsymbol{P} & \boldsymbol{O} \\ \boldsymbol{O} & \boldsymbol{Q} \end{bmatrix}^{-1}\begin{bmatrix} \boldsymbol{A} & \boldsymbol{O} \\ \boldsymbol{O} & \boldsymbol{C} \end{bmatrix}\begin{bmatrix} \boldsymbol{P} & \boldsymbol{O} \\ \boldsymbol{O} & \boldsymbol{Q} \end{bmatrix}$$

4-3

所以，$\begin{bmatrix} \boldsymbol{A} & \boldsymbol{O} \\ \boldsymbol{O} & \boldsymbol{C} \end{bmatrix}$ 与 $\begin{bmatrix} \boldsymbol{B} & \boldsymbol{O} \\ \boldsymbol{O} & \boldsymbol{D} \end{bmatrix}$ 相似。

5. $\boldsymbol{A}$ 的特征值为 $\lambda = 1, 1, 2$，则 $\boldsymbol{A} - \boldsymbol{E}$，$\boldsymbol{A} + 2\boldsymbol{E}$，$\boldsymbol{A}^2 + 2\boldsymbol{A} - 3\boldsymbol{E}$ 的特征值分别为

4-5

$\lambda - 1 = 0, 0, 1$，故 $|\boldsymbol{A} - \boldsymbol{E}| = 0$.

$\lambda + 2 = 3, 3, 4$，故 $|\boldsymbol{A} + 2\boldsymbol{E}| = 36$.

$\lambda^2 + 2\lambda - 3 = 0, 0, 5$，故 $|\boldsymbol{A}^2 + 2\boldsymbol{A} - 3\boldsymbol{E}| = 0$.

6. 因为

$$|\boldsymbol{A} - \lambda\boldsymbol{E}| = \begin{vmatrix} -2-\lambda & 1 & 1 \\ 0 & 2-\lambda & 0 \\ -4 & 1 & 3-\lambda \end{vmatrix} = -(\lambda+1)(\lambda-2)^2 = 0$$

4-6

所以，$\lambda_1 = \lambda_2 = 2$，$\lambda_3 = -1$. 将 λ_i 分别代入 $(\boldsymbol{A} - \lambda_i\boldsymbol{E})\boldsymbol{x} = \boldsymbol{0}$，解之可得

$\lambda_1 = \lambda_2 = 2$ 的线性无关特征向量为 $\boldsymbol{p}_1 = (1, 4, 0)^{\mathrm{T}}$，$\boldsymbol{p}_2 = (1, 0, 4)^{\mathrm{T}}$.

$\lambda_3 = -1$ 的特征向量为 $\boldsymbol{p}_3 = (1, 0, 1)^{\mathrm{T}}$.

令 $\boldsymbol{P}=(\boldsymbol{p}_1\boldsymbol{p}_2\boldsymbol{p}_3)=\begin{bmatrix}1&1&1\\4&0&0\\0&4&1\end{bmatrix}$，则 $\boldsymbol{A}=\boldsymbol{P}\begin{bmatrix}2&&\\&2&\\&&-1\end{bmatrix}\boldsymbol{P}^{-1}$，从而有

$$\boldsymbol{A}^{100}=\boldsymbol{A}\boldsymbol{A}\cdots\boldsymbol{A}=\boldsymbol{P}\boldsymbol{\Lambda}\boldsymbol{P}^{-1}\cdot\boldsymbol{P}\boldsymbol{\Lambda}\boldsymbol{P}^{-1}\cdots\boldsymbol{P}\boldsymbol{\Lambda}\boldsymbol{P}^{-1}=\boldsymbol{P}\boldsymbol{\Lambda}^{100}\boldsymbol{P}^{-1}$$

$$=\boldsymbol{P}\begin{bmatrix}2^{100}&&\\&2^{100}&\\&&(-1)^{100}\end{bmatrix}\boldsymbol{P}^{-1}$$

$$=\frac{1}{3}\begin{bmatrix}4-2^{100}&-1+2^{100}&-1+2^{100}\\0&3\cdot 2^{100}&0\\4-2^{102}&-1+2^{100}&-1+2^{102}\end{bmatrix}$$

4-7

7. 由题意知

$$\begin{cases}x+2=y+1\\-15x-40=-20y\end{cases}\Rightarrow\begin{cases}x=4\\y=5\end{cases}$$

8.（1）由题意知

$$|\boldsymbol{A}|=-(a-b)^2=0\Rightarrow a=b$$

又因为 1 是 $\boldsymbol{A}$ 的特征值，所以

$$|\boldsymbol{A}-\boldsymbol{E}|_{a=b}=2a^2=0\Rightarrow a=b=0$$

（2）将 $\boldsymbol{A}$ 的特征值 $\lambda=0,1,2$ 分别代入 $(\boldsymbol{A}-\lambda\boldsymbol{E})\boldsymbol{x}=\boldsymbol{0}$，解得特征向量 $\boldsymbol{p}_1$，$\boldsymbol{p}_2$，$\boldsymbol{p}_3$ 有

$$\boldsymbol{P}=(\boldsymbol{p}_1\boldsymbol{p}_2\boldsymbol{p}_3)=\begin{bmatrix}-1&0&1\\0&1&0\\1&0&1\end{bmatrix}$$

4-8

则 $\boldsymbol{P}^{-1}\boldsymbol{A}\boldsymbol{P}=\boldsymbol{\Lambda}$.

9. $$|\boldsymbol{A}-\lambda\boldsymbol{E}|=\begin{vmatrix}2-\lambda&-1&-1\\-1&2-\lambda&-1\\-1&-1&2-\lambda\end{vmatrix}$$

$$=-\lambda(\lambda-3)^2=0$$

4-9

所以，$\lambda_1=\lambda_2=3$，$\lambda_3=0$.

将 λ_i 分别代入 $(\boldsymbol{A}-\lambda_i\boldsymbol{E})\boldsymbol{x}=\boldsymbol{0}$，解之可得 $\lambda_1=\lambda_2=3$ 的特征向量为 $\boldsymbol{p}_1=(-1,1,0)^{\mathrm{T}}$，$\boldsymbol{p}_2=(-1,0,1)^{\mathrm{T}}$，规范正交化有

$$\boldsymbol{q}_1=\left(\frac{-1}{\sqrt{2}},\frac{1}{\sqrt{2}},0\right)^{\mathrm{T}},\ \boldsymbol{q}_2=\left(\frac{-1}{\sqrt{6}},\frac{-1}{\sqrt{6}},\frac{2}{\sqrt{6}}\right)^{\mathrm{T}}$$

$\lambda_3=0$ 的特征向量为 $\boldsymbol{p}_3=(1,1,1)^{\mathrm{T}}$，规范化有

$$\boldsymbol{q}_3=\left(\frac{1}{\sqrt{3}},\frac{1}{\sqrt{3}},\frac{1}{\sqrt{3}}\right)^{\mathrm{T}}$$

所以，令

$$Q=(q_1q_2q_3)=\begin{bmatrix}\frac{-1}{\sqrt{2}} & \frac{-1}{\sqrt{6}} & \frac{1}{\sqrt{3}}\\ \frac{1}{\sqrt{2}} & \frac{-1}{\sqrt{6}} & \frac{1}{\sqrt{3}}\\ 0 & \frac{2}{\sqrt{6}} & \frac{1}{\sqrt{3}}\end{bmatrix}$$

有

$$Q^{\mathrm{T}}AQ=\begin{bmatrix}3 & & \\ & 3 & \\ & & 0\end{bmatrix}$$

10. $E-A^*$ 的特征值为

$$1-\frac{|A|}{\lambda_i}=1-\frac{\lambda_1\lambda_2\cdots\lambda_n}{\lambda_i}=1-\prod_{k\neq i}\lambda_k$$

所以

$$|E-A^*|=\prod_{i=1}^{n}\left(1-\prod_{k\neq i}\lambda_k\right)$$

11. 因为 A 为实对称，所以特征值 6 与 3 的特征向量正交.

设特征值 3 的特征向量为 $x=(y_1, y_2, y_3)^{\mathrm{T}}$，则 $\langle x_1, x\rangle=0$，即 $y_1+y_2+y_3=0$.

解之有

$$x_2=(-1, 1, 0)^{\mathrm{T}},\ x_3=(-1, 0, 1)^{\mathrm{T}}$$

从而，令

$$P=(x_1x_2x_3)=\begin{bmatrix}1 & -1 & -1\\ 1 & 1 & 0\\ 1 & 0 & 1\end{bmatrix}$$

有

4-11

$$A=P\Lambda P^{-1}=\begin{bmatrix}4 & 1 & 1\\ 1 & 4 & 1\\ 1 & 1 & 4\end{bmatrix}$$

12. 反证：设 x_1+x_2 是矩阵 A 属于特征值 λ 的特征向量，则

$$A(x_1+x_2)=\lambda(x_1+x_2)$$

又因为

$$A(x_1+x_2)=Ax_1+Ax_2=\lambda_1x_1+\lambda_2x_2$$

所以

4-12

$$\lambda(x_1+x_2)=\lambda_1x_1+\lambda_2x_2$$

即

$$(\lambda-\lambda_1)x_1+(\lambda-\lambda_2)x_2=0$$

因为 x_1，x_2 线性无关，所以有 $\lambda=\lambda_1=\lambda_2$，与题设矛盾. 故 x_1+x_2 不是 A 属于特征值 λ 的特征向量.

13. 由题意知 $|\boldsymbol{A}|=-4b+3+2b-10=-1$，所以 $b=-3$．

设 $\boldsymbol{A}$ 的特征值为λ，由 $\boldsymbol{A}\boldsymbol{A}^*=|\boldsymbol{A}|\boldsymbol{E}$，则 $\boldsymbol{A}^*$ 特征值为 $|\boldsymbol{A}|/\lambda$．又因为 $\boldsymbol{A}$ 与 $\boldsymbol{A}^*$ 特征向量相同，所以

$$A\boldsymbol{\alpha}=\lambda\boldsymbol{\alpha}\Rightarrow\lambda=-1$$

故

$$\lambda_0=\frac{|A|}{\lambda}=1$$

14. 充分性：设 $\boldsymbol{x}_i(i=1,2,\cdots,n)$ 是 $\boldsymbol{A}$，$\boldsymbol{B}$ 分别属于特征值λ_i 和μ_i 的特征向量。因为 $\boldsymbol{A}$ 的特征值λ_i 互不相同，所以 $\boldsymbol{x}_1,\boldsymbol{x}_2,\cdots,\boldsymbol{x}_n$ 线性无关。构造可逆矩阵 $\boldsymbol{P}=(\boldsymbol{x}_1\boldsymbol{x}_2\cdots\boldsymbol{x}_n)$，对 $\boldsymbol{A}$ 及 $\boldsymbol{B}$ 有

$$\boldsymbol{A}=\boldsymbol{P}\boldsymbol{\Lambda}\boldsymbol{P}^{-1},\ \boldsymbol{B}=\boldsymbol{P}\boldsymbol{\Sigma}\boldsymbol{P}^{-1}$$

其中 $\boldsymbol{\Lambda}$，$\boldsymbol{\Sigma}$ 分别为 $\boldsymbol{A}$ 及 $\boldsymbol{B}$ 的 n 个特征值排成的对角阵．因此

$$\boldsymbol{AB}=\boldsymbol{P}\boldsymbol{\Lambda}\boldsymbol{\Sigma}\boldsymbol{P}^{-1},\quad \boldsymbol{BA}=\boldsymbol{P}\boldsymbol{\Sigma}\boldsymbol{\Lambda}\boldsymbol{P}^{-1}$$

因为 $\boldsymbol{\Lambda}$，$\boldsymbol{\Sigma}$ 均为 n 阶对角阵，所以有 $\boldsymbol{\Lambda\Sigma}=\boldsymbol{\Sigma\Lambda}$，从而有 $\boldsymbol{AB}=\boldsymbol{BA}$．

4-14

必要性：设 $\boldsymbol{AB}=\boldsymbol{BA}$，又设 $\boldsymbol{x}$ 是 $\boldsymbol{A}$ 的属于特征值λ 的特征向量，则

$$\boldsymbol{ABx}=\boldsymbol{BAx}=\lambda\boldsymbol{Bx}$$

若 $\boldsymbol{Bx}\neq\boldsymbol{0}$，显然 $\boldsymbol{Bx}$ 也是 $\boldsymbol{A}$ 的属于特征值λ 的特征向量．又因为λ 是单特征值，所以 $\boldsymbol{Bx}$ 可由 $\boldsymbol{x}$ 线性表示：

$$\boldsymbol{Bx}=\mu\boldsymbol{x}$$

故 $\boldsymbol{x}$ 也是 $\boldsymbol{B}$ 的属于特征值μ 的特征向量．

若 $\boldsymbol{Bx}=\boldsymbol{0}$，因为 $\boldsymbol{x}\neq\boldsymbol{0}$，所以 $R(\boldsymbol{B})<n$，$\boldsymbol{B}$ 有 0 特征值．又因为 $\boldsymbol{Bx}=\boldsymbol{0}=0\boldsymbol{x}$，所以 $\boldsymbol{x}$ 是 $\boldsymbol{B}$ 的属于 0 特征值的特征向量．

综上所述，$\boldsymbol{A}$ 的特征向量都是 $\boldsymbol{B}$ 的特征向量．

15. (1) $\boldsymbol{A}^2=\boldsymbol{\alpha\beta}^{\mathrm{T}}\boldsymbol{\alpha\beta}^{\mathrm{T}}=\boldsymbol{O}$;

(2) 设 $\boldsymbol{A}$ 的特征值为λ，则 $\lambda^2=0\Rightarrow\lambda=0$ 为 $\boldsymbol{A}$ 的 n 重特征值．

由 $(\boldsymbol{A}-\lambda\boldsymbol{E})\boldsymbol{x}=\boldsymbol{0}$，代入 $\lambda=0$ 有：$\boldsymbol{Ax}=\boldsymbol{0}$，即 $\boldsymbol{\alpha\beta}^{\mathrm{T}}\boldsymbol{x}=\boldsymbol{0}$．

因为 $\boldsymbol{\beta}^{\mathrm{T}}\boldsymbol{x}$ 为标量且 $\boldsymbol{\alpha}\neq\boldsymbol{0}$，所以有 $\boldsymbol{\beta}^{\mathrm{T}}\boldsymbol{x}=0$，即

$$b_1x_1+b_2x_2+\cdots+b_nx_n=0$$

4-15

又因为 $\boldsymbol{\beta}\neq\boldsymbol{0}$，所以方程基础解系含 $n-1$ 个解向量．不妨设 $b_1\neq0$，则

$$x_1+\frac{b_2}{b_1}x_2+\cdots+\frac{b_n}{b_1}x_n=0$$

其基础解系为

$$\boldsymbol{p}_1=(b_2,-b_1,0,\cdots,0)^{\mathrm{T}}$$

$$\boldsymbol{p}_2=(b_3,0,-b_1,0,\cdots,0)^{\mathrm{T}}$$

$$\cdots\cdots$$

$$\boldsymbol{p}_{n-1}=(b_n,0,\cdots,0,-b_1)^{\mathrm{T}}$$

故 $\boldsymbol{A}$ 的特征向量为 $\boldsymbol{x}=k_1\boldsymbol{p}_1+k_2\boldsymbol{p}_2+\cdots+k_{n-1}\boldsymbol{p}_{n-1}$，　$k_1,k_2,\cdots,k_{n-1}$ 不同时为 0；

(3) 由(2)知，$\boldsymbol{A}$ 仅有 $n-1$ 个线性无关特征向量，故不可对角化.

16. $$f(x_1, x_2, x_3)=(x_1x_2x_3)\begin{bmatrix}1 & -2 & 0\\ -2 & 2 & -2\\ 0 & -2 & -2\end{bmatrix}\begin{bmatrix}x_1\\ x_2\\ x_3\end{bmatrix}$$

故秩为 2.

17. 取 $\boldsymbol{x}^{\mathrm{T}}=(0, \cdots, 1, \cdots, 0)$，则 $\boldsymbol{x}^{\mathrm{T}}\boldsymbol{A}\boldsymbol{x}=a_{ii}=0$，$i$ 为 $1\sim n$，即 $\boldsymbol{A}$ 对角元全为 0；

取 $\boldsymbol{x}^{\mathrm{T}}=(0, \cdots, 1, 0, \cdots, 0, 1, \cdots, 0)$，则 $\boldsymbol{x}^{\mathrm{T}}\boldsymbol{A}\boldsymbol{x}=a_{ii}+a_{jj}+2a_{ij}=2a_{ij}=0$，$a_{ij}=0$，$i\neq j$. 故 $\boldsymbol{A}=\boldsymbol{O}$.

18. 二次型 f 的矩阵为 $\boldsymbol{A}=\begin{bmatrix}2 & 0 & -2\\ 0 & 1 & 0\\ -2 & 0 & 2\end{bmatrix}$

$$|\boldsymbol{A}-\lambda\boldsymbol{E}|=\begin{vmatrix}2-\lambda & 0 & -2\\ 0 & 1-\lambda & 0\\ -2 & 0 & 2-\lambda\end{vmatrix}=-\lambda(\lambda-1)(\lambda-4)=0$$

4-18

所以，$\lambda_1=1$，$\lambda_2=4$，$\lambda_3=0$.

将 λ_i 分别代入 $(\boldsymbol{A}-\lambda_i\boldsymbol{E})\boldsymbol{x}=\boldsymbol{0}$，解之可得：

$\lambda_1=1$ 的特征向量为 $\boldsymbol{p}_1=(0, 1, 0)^{\mathrm{T}}$，规范化有 $\boldsymbol{q}_1=(0, 1, 0)^{\mathrm{T}}$；

$\lambda_2=4$ 的特征向量为 $\boldsymbol{p}_2=(1, 0, -1)^{\mathrm{T}}$，规范化有 $\boldsymbol{q}_2=\left(\frac{1}{\sqrt{2}}, 0, -\frac{1}{\sqrt{2}}\right)^{\mathrm{T}}$；

$\lambda_3=0$ 的特征向量为 $\boldsymbol{p}_3=(1, 0, 1)^{\mathrm{T}}$，规范化有 $\boldsymbol{q}_3=\left(\frac{1}{\sqrt{2}}, 0, \frac{1}{\sqrt{2}}\right)^{\mathrm{T}}$；

令

$$\boldsymbol{Q}=(q_1q_2q_3)=\begin{bmatrix}0 & \frac{1}{\sqrt{2}} & \frac{1}{\sqrt{2}}\\ 1 & 0 & 0\\ 0 & \frac{-1}{\sqrt{2}} & \frac{1}{\sqrt{2}}\end{bmatrix}, \boldsymbol{x}=\boldsymbol{Q}y$$

有 $f=y_1^2+4y_2^2$.

19. 配方法：

$$\begin{aligned}f(x_1, x_2, x_3)&=2x_1^2+x_2^2+2x_3^2-4x_1x_3\\ &=2^2x_1-4x_1x_3+2x_3^2+x_2^2\\ &=2(x_1-x_3)^2+x_2^2\end{aligned}$$

令

$$\begin{cases}x_1-x_3=y_1\\ x_2=y_2\\ x_3=y_3\end{cases}\Rightarrow\begin{cases}x_1=y_1+y_3\\ x_2=y_2\\ x_3=y_3\end{cases}$$

或

$$\begin{bmatrix} x_1 \\ x_2 \\ x_3 \end{bmatrix} = \begin{bmatrix} 1 & 0 & 1 \\ 0 & 1 & 0 \\ 0 & 0 & 1 \end{bmatrix} \begin{bmatrix} y_1 \\ y_2 \\ y_3 \end{bmatrix}$$

有 $f = 2y_1^2 + y_2^2$.

20. $\boldsymbol{A} = \begin{bmatrix} 3 & 0 & a \\ 0 & 2 & 0 \\ a & 0 & 3 \end{bmatrix}$，有 $18 - 2a^2 = 10$，解得 $a^2 = 4$，由条件 $a > 0$，得 $a = 2$.

4－20

对于 $\boldsymbol{A}$ 的特征值 $\lambda_1 = 1$，解齐次线性方程组 $(\boldsymbol{E} - \boldsymbol{A})\boldsymbol{x} = \boldsymbol{0}$，得

$$\boldsymbol{E} - \boldsymbol{A} = \begin{bmatrix} -2 & 0 & -2 \\ 0 & -1 & 0 \\ -2 & 0 & -2 \end{bmatrix} \to \begin{bmatrix} 1 & 0 & 1 \\ 0 & 1 & 0 \\ 0 & 0 & 0 \end{bmatrix}$$

故属于特征值 1 的特征向量为 $(-1, 0, 1)^{\mathrm{T}}$.

对于 $\boldsymbol{A}$ 的特征值 $\lambda_2 = 2$，解齐次线性方程组 $(2\boldsymbol{E} - \boldsymbol{A})\boldsymbol{x} = \boldsymbol{0}$，得

$$2\boldsymbol{E} - A = \begin{bmatrix} -1 & 0 & -2 \\ 0 & 0 & 0 \\ -2 & 0 & -1 \end{bmatrix} \to \begin{bmatrix} 1 & 0 & 0 \\ 0 & 0 & 1 \\ 0 & 0 & 0 \end{bmatrix}$$

故属于特征值 2 的特征向量为 $(0, 1, 0)^{\mathrm{T}}$.

对于 $\boldsymbol{A}$ 的特征值 $\lambda_3 = 5$，解齐次线性方程组 $(5\boldsymbol{E} - \boldsymbol{A})\boldsymbol{x} = \boldsymbol{0}$，

$$5\boldsymbol{E} - \boldsymbol{A} = \begin{bmatrix} 2 & 0 & -2 \\ 0 & 3 & 0 \\ -2 & 0 & 2 \end{bmatrix} \to \begin{bmatrix} 1 & 0 & -1 \\ 0 & 1 & 0 \\ 0 & 0 & 0 \end{bmatrix}$$

故属于特征值 5 的特征向量为 $(1, 0, 1)^{\mathrm{T}}$.

将这 3 个特征向量分别单位化，得到

$$\left(-\frac{\sqrt{2}}{2}, 0, \frac{\sqrt{2}}{2}\right)^{\mathrm{T}}, (0, 1, 0)^{\mathrm{T}}, \left(\frac{\sqrt{2}}{2}, 0, \frac{\sqrt{2}}{2}\right)^{\mathrm{T}}$$

令 $\boldsymbol{Q} = \begin{bmatrix} -\frac{\sqrt{2}}{2} & 0 & \frac{\sqrt{2}}{2} \\ 0 & 1 & 0 \\ \frac{\sqrt{2}}{2} & 0 & \frac{\sqrt{2}}{2} \end{bmatrix}$，则所用的正交变换为 $\boldsymbol{x} = \boldsymbol{Q}\boldsymbol{y}$.

21. 由题意知

$$\boldsymbol{A} = \begin{bmatrix} 1 & a & 1 \\ a & 1 & b \\ 1 & b & 1 \end{bmatrix}$$

4－21

$$A = \begin{bmatrix} 0 & & \\ & 1 & \\ & & 2 \end{bmatrix}$$

由 $|A| = -(a-b)^2 = 0 \Rightarrow a = b$.

又因为 1 是 A 的特征值，所以 $|A-E|_{a=b} = 2a^2 = 0 \Rightarrow a = b = 0$.

将 A 的特征值 $\lambda = 0, 1, 2$ 分别代入 $(A-\lambda E)x = 0$，解得特征向量分别为

$$p_1 = (-1, 0, 1)^T, \quad p_2 = (0, 1, 0)^T, \quad p_3 = (1, 0, 1)^T$$

正交规范化为

$$Q = \begin{bmatrix} \frac{-1}{\sqrt{2}} & 0 & \frac{1}{\sqrt{2}} \\ 0 & 1 & 0 \\ \frac{1}{\sqrt{2}} & 0 & \frac{1}{\sqrt{2}} \end{bmatrix}$$

所求正交变换为 $x = Qy$.

22. 曲面方程左边的二次型的矩阵为

$$A = \begin{bmatrix} 1 & b & 1 \\ b & a & 1 \\ 1 & 1 & 1 \end{bmatrix}$$

依题意，A 的特征值为 $\lambda_1 = 0$，$\lambda_2 = 1$，$\lambda_3 = 4$，所以 $1 + a + 1 = \mathrm{tr}(A) = 0 + 1 + 4$，$|A| = 0$，解之得 $a = 3$，$b = 1$.

A 的特征值 $\lambda_1 = 0$，$\lambda_2 = 1$，$\lambda_3 = 4$ 对应的特征向量分别为

$$p_1 = \begin{bmatrix} -1 \\ 0 \\ 1 \end{bmatrix}, \quad p_2 = \begin{bmatrix} 1 \\ -1 \\ 1 \end{bmatrix}, \quad p_3 = \begin{bmatrix} 1 \\ 2 \\ 1 \end{bmatrix}$$

单位化后，得

$$q_1 = \frac{1}{\sqrt{2}}\begin{bmatrix} -1 \\ 0 \\ 1 \end{bmatrix}, \quad q_2 = \frac{1}{\sqrt{3}}\begin{bmatrix} 1 \\ -1 \\ 1 \end{bmatrix}, \quad q_3 = \frac{1}{\sqrt{6}}\begin{bmatrix} 1 \\ 2 \\ 1 \end{bmatrix}$$

故所用的正交变换矩阵

$$Q = (q_1 q_1 q_1) = \begin{bmatrix} \frac{-1}{\sqrt{2}} & \frac{1}{\sqrt{3}} & \frac{1}{\sqrt{6}} \\ 0 & \frac{-1}{\sqrt{3}} & \frac{2}{\sqrt{6}} \\ \frac{1}{\sqrt{2}} & \frac{1}{\sqrt{3}} & \frac{1}{\sqrt{6}} \end{bmatrix}$$

23. $D_1 = 1 > 0$

$D_2 = 2 - t^2 > 0 \Rightarrow |t| < \sqrt{2}$

$D_3 = t(t+1)(t-2) > 0$，由 D_2 结果知 $t - 2 < 0$，故需 $-1 < t < 0$.

综上所述，当 $-1 < t < 0$ 时 A 正定.

24. $\boldsymbol{A}=\begin{bmatrix}1 & 1 & 0\\ 1 & 2 & t\\ 0 & t & 1\end{bmatrix}$

$D_1=1>0$

$D_2=2-1=1>0$

$D_3=1-t^2=(1+t)(1-t)>0, -1<t<1$

所以，正定的条件为 $-1<t<1$.

25. (1) $\boldsymbol{A}=\begin{bmatrix}1 & -\frac{1}{2} & -\frac{1}{2}\\ -\frac{1}{2} & 1 & -\frac{1}{2}\\ -\frac{1}{2} & -\frac{1}{2} & 1\end{bmatrix}$

4-25

其特征值为 $\lambda_1=\lambda_2=\frac{3}{2}$，$\lambda_3=0$；

$\lambda_1=\lambda_2=\frac{3}{2}$ 对应的特征向量为

$$\boldsymbol{p}_1=(-2, 1, 1)^{\mathrm{T}},\ \boldsymbol{p}_2=(0, -1, 1)^{\mathrm{T}}$$

正交规范化为

$$\boldsymbol{q}_1=\left(\frac{-2}{\sqrt{6}}, \frac{1}{\sqrt{6}}, \frac{1}{\sqrt{6}}\right)^{\mathrm{T}}$$

$$\boldsymbol{q}_2=\left(0, \frac{-1}{\sqrt{2}}, \frac{1}{\sqrt{2}}\right)^{\mathrm{T}}$$

$\lambda_3=0$ 对应的特征向量为：$\boldsymbol{p}_3=(1, 1, 1)^{\mathrm{T}}$，规范化为

$$\boldsymbol{q}_3=\left(\frac{1}{\sqrt{3}}, \frac{1}{\sqrt{3}}, \frac{1}{\sqrt{3}}\right)^{\mathrm{T}}$$

令 $\begin{bmatrix}x\\ y\\ z\end{bmatrix}=(\boldsymbol{q}_1\quad \boldsymbol{q}_2\quad \boldsymbol{q}_3)\begin{bmatrix}x_1\\ y_1\\ z_1\end{bmatrix}$，$f=\frac{3}{2}x_1^2+\frac{3}{2}y_1^2$，故 $f=\frac{3}{2}x_1^2+\frac{3}{2}y_1^2=a^2$ 为一圆柱面.

(2) 所截取下的面积为 $\frac{2}{3}\pi a^2$.

26. 设 $\boldsymbol{A}$ 的特征值为 $\lambda>0$，则 $\boldsymbol{A}+\boldsymbol{E}$ 特征值为 $1+\lambda>1$，故 $|\boldsymbol{A}+\boldsymbol{E}|>1$

27. 因 $\boldsymbol{A}$ 正定，故 $\boldsymbol{A}^{\mathrm{T}}=\boldsymbol{A}$，从而 $(\boldsymbol{A}^{-1})^{\mathrm{T}}=(\boldsymbol{A}^{\mathrm{T}})^{-1}=\boldsymbol{A}^{-1}$，$(\boldsymbol{A}^{*})^{\mathrm{T}}=(|\boldsymbol{A}|\boldsymbol{A}^{-1})^{\mathrm{T}}=|\boldsymbol{A}|\boldsymbol{A}^{-1}=\boldsymbol{A}^{*}$，$(\boldsymbol{A}^{m})^{\mathrm{T}}=(\boldsymbol{A}^{\mathrm{T}})^{m}=\boldsymbol{A}^{m}$ 均对称.

设 $\boldsymbol{A}$ 的特征值为 $\lambda>0$，则它们的特征值分别为 $1/\lambda$，$|\boldsymbol{A}|/\lambda$，λ^m 均大于 0，故均正定.

28. 因 $(\boldsymbol{A}^{\mathrm{T}}\boldsymbol{A})^{\mathrm{T}}=\boldsymbol{A}^{\mathrm{T}}(\boldsymbol{A}^{\mathrm{T}})^{\mathrm{T}}=\boldsymbol{A}^{\mathrm{T}}\boldsymbol{A}$，故 $\boldsymbol{A}^{\mathrm{T}}\boldsymbol{A}$ 为对称阵，又 $\forall \boldsymbol{x}\neq\boldsymbol{0}$，$f=\boldsymbol{x}^{\mathrm{T}}\boldsymbol{A}^{\mathrm{T}}\boldsymbol{A}\boldsymbol{x}=(\boldsymbol{A}\boldsymbol{x})^{\mathrm{T}}\boldsymbol{A}\boldsymbol{x}=\|\boldsymbol{A}\boldsymbol{x}\|^2>0$ （$\boldsymbol{A}\boldsymbol{x}\neq 0$，否则若 $\boldsymbol{A}\boldsymbol{x}=0$，而 $\boldsymbol{x}\neq 0$ 知其有非 0 解，故 $R(\boldsymbol{A})<n$，与题设矛盾).

29. 显然，$\boldsymbol{B}^{\mathrm{T}}=(\lambda\boldsymbol{E}+\boldsymbol{A}^{\mathrm{T}}\boldsymbol{A})^{\mathrm{T}}=\lambda\boldsymbol{E}+\boldsymbol{A}^{\mathrm{T}}\boldsymbol{A}=\boldsymbol{B}$，$\boldsymbol{B}$ 为对称阵.

又 $\forall \boldsymbol{x}\neq 0$，

$$f=\boldsymbol{x}^{\mathrm{T}}\boldsymbol{B}\boldsymbol{x}=\boldsymbol{x}^{\mathrm{T}}(\lambda\boldsymbol{E}+\boldsymbol{A}^{\mathrm{T}}\boldsymbol{A})\boldsymbol{x}=\lambda\boldsymbol{x}^{\mathrm{T}}\boldsymbol{x}+(\boldsymbol{A}\boldsymbol{x})^{\mathrm{T}}\boldsymbol{A}\boldsymbol{x}=\lambda\|\boldsymbol{x}\|^2+\|\boldsymbol{A}\boldsymbol{x}\|^2$$

上式求和中，第 1 项>0，第 2 项 $\geqslant 0$，所以有 $f>0$.

4-29

30. 设经正交变换 $\boldsymbol{x}=\boldsymbol{Q}\boldsymbol{y}$ 将 $\boldsymbol{x}^{\mathrm{T}}\boldsymbol{A}\boldsymbol{x}$ 化为关于 $\boldsymbol{y}$ 的标准形 $\boldsymbol{y}^{\mathrm{T}}\boldsymbol{\Lambda}\boldsymbol{y}$，则

$$\frac{\boldsymbol{x}^{\mathrm{T}}\boldsymbol{A}\boldsymbol{x}}{\boldsymbol{x}^{\mathrm{T}}\boldsymbol{x}}=\frac{\boldsymbol{y}^{\mathrm{T}}\boldsymbol{\Lambda}\boldsymbol{y}}{\boldsymbol{y}^{\mathrm{T}}\boldsymbol{y}}=\frac{\sum\lambda_i y_i^2}{\sum y_i^2}$$

显然

$$\lambda_1=\frac{\lambda_1\sum y_i^2}{\sum y_i^2}\leqslant\frac{\sum\lambda_i y_i^2}{\sum y_i^2}\leqslant\frac{\lambda_n\sum y_i^2}{\sum y_i^2}-\lambda_n$$

4-30

二、填空题

31. $\{+1, -1\}$　32. $\{1, 0\}$　33. $\{-1, 3\}$

34. 1/5，3/5　35. 0，$2n$　36. 0，1

37. $n-1$　38. 100　39. 至少 3　40. $\boldsymbol{P}^{-1}\boldsymbol{\alpha}$

41. $f=z_1^2+z_2^2+z_3^2-z_4^2$　42. $y_1^2+\frac{1}{2}y_2^2+\frac{1}{3}y_3^2$

43. $\lambda<\frac{1}{n}$

44. $\boldsymbol{x}=\boldsymbol{A}^{-1}\boldsymbol{y}$　45. $-\frac{4}{5}<t<0$

4-35　4-36　4-37　4-39

4-40　4-41　4-45

三、选择题

46. (C)　47. (A)　48. (A)　49. (C)　50. (C)　51. (C)　52. (C)　53. (B)

54. (D)　55. (C)　56. (B)　57. (B)　58. (D)　59. (D)　60. (C)

4-52　4-53　4-56　4-57　线性代数各章节内容的联系　4-58

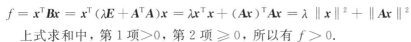